JN270207

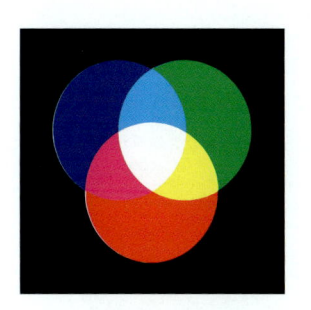

口絵1　光の三原色

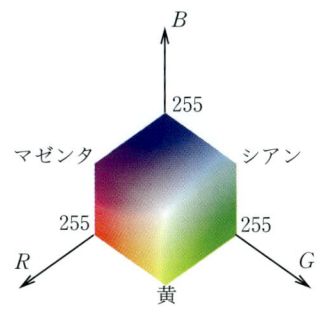

口絵2　RGB 表色系

口絵3　レナのカラー画像

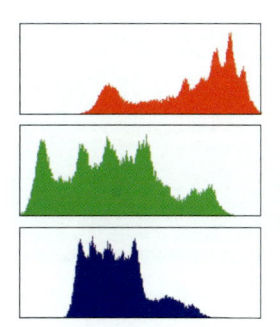

口絵4　RGB ヒストグラム（256 区間）

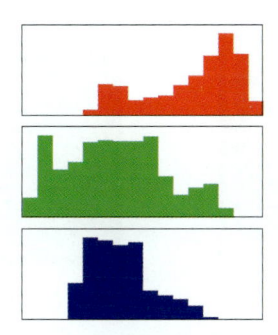

口絵5　RGB ヒストグラム（16 区間）

口絵6　色材の三原色

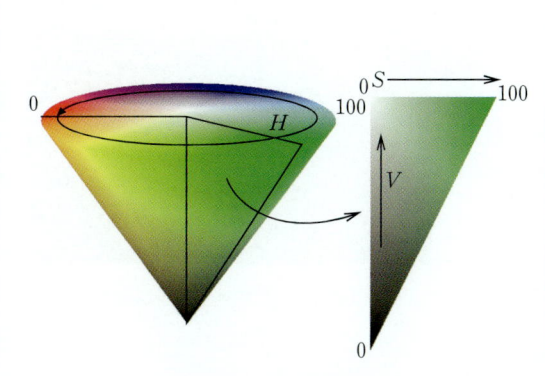

口絵7　HSV 表色系

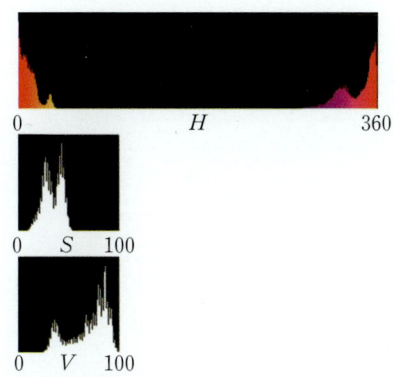

口絵8　HSV ヒストグラム

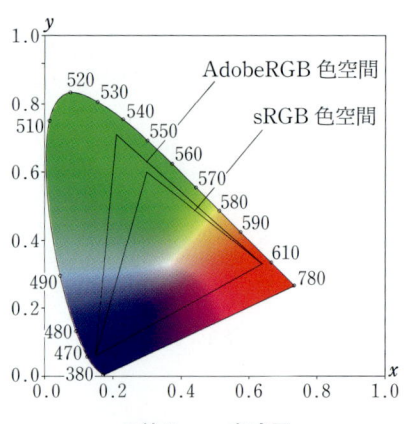

口絵9　xy 色度図

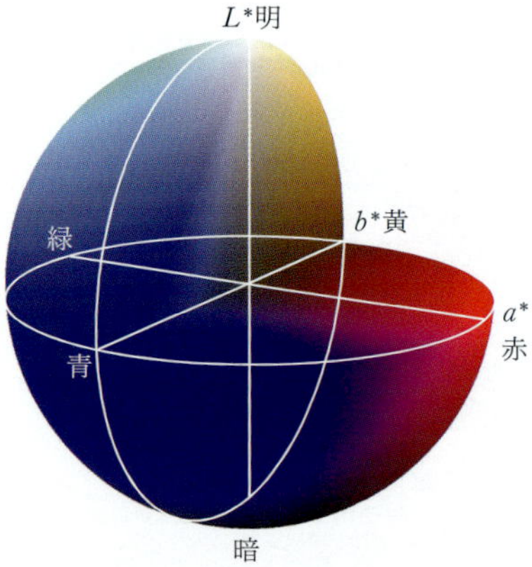

口絵10　$L^*a^*b^*$ 表色系

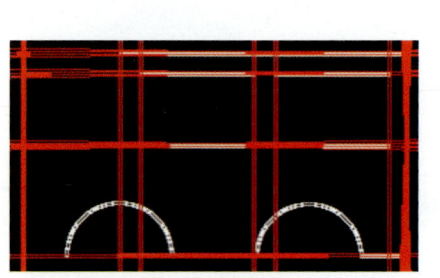

口絵11　角ばった自動車のハフ変換

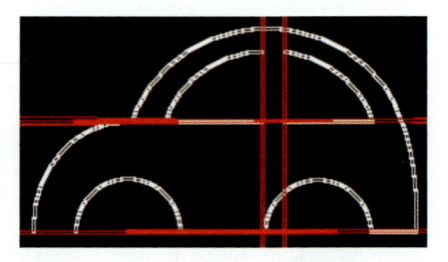

口絵12　丸みを帯びた自動車のハフ変換

口絵13　芝　生

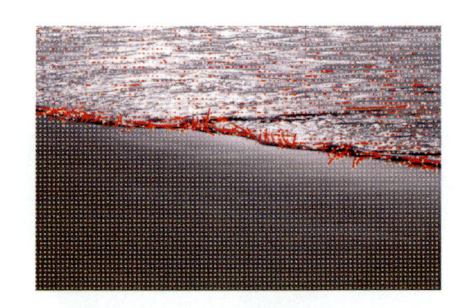

口絵15　オプティカルフロー

口絵14　木　目

マルチメディア
コンピューティング

工学博士 尾内 理紀夫 著

コロナ社

まえがき

　2001年度より筆者は電気通信大学大学院電気通信学研究科情報工学専攻においてマルチメディアコンピューティングの講義を行ってきた。マルチメディアの講義をすると，履修学生は，画像処理，音処理，日本語処理に関する書籍を購入あるいは図書館から借りなければならない。何冊もの書籍を借りるのは手間であるし，購入すれば費用もかさむ。そこでマルチメディアコンピューティングに関する基本技術を一冊の本にまとめることができたらよいのではないかと考え，コロナ社にご相談したところ出版を快諾してくださった。よって本書は多くの大学あるいは大学院においてマルチメディア関連の講義の教科書として使用していただくことを目指し，筆者の大学院での講義ノートをベースに執筆した。

　原稿がある程度できあがったところで，学部生に読んでもらい，わかりにくいという指摘があったところは説明を充実させた。よって，教科書としてだけでなく，マルチメディアに興味をもつ学生の自習の書としても使用可能であると考えている。

　また，大学院生にも読んでもらい，その指摘を参考にして、追加すべき技術項目を入れ，またより詳細化すべきと判断した項目は深く解説し，大学院の講義にも適用できるようにした。よって，節や項を取捨選択することにより，学部生向けの講義にも大学院生向けの講義にも本書を使用できると考えている。

　章の構成としては，1章でマルチメディアの筆者なりの定義づけを試み，2章でメディア認識技術の代表的手法の一つであるパターン認識について解説した。そして3章，4章，5章において，画像メディア，音メディア，テキストメディアの基本技術に関して解説した。

　ページ数の都合もあり，本書の内容はマルチメディアコンピューティングの

基本技術の範囲にとどめている。本書に掲載できなかったベクトル画像，一般物体認識，マルチメディア情報検索など高度化技術と応用技術に関しては稿を改めて執筆したいと考えている。

最後に，2章を読み，助言をくださった石井健一郎名古屋大学大学院情報科学研究科教授に，各種コメントをいただいた林貴宏電気通信大学情報工学科助教に，ご支援ご協力いただいた電気通信大学情報工学科および大学院情報工学専攻の尾内・林研究室の諸君，特に犬塚敦史，佐藤健吾，高柳　直，石川　厚，伊神　徹，池谷友秀，清野達也，木村彰吾，小林壮一，NGUYEN PHAM THANH THAO（グェン　ファム　タン　タオ）さんに，そして，長きにわたって執筆を見守っていただいたコロナ社に心より感謝する。

2008年8月

尾内　理紀夫

目　　　次

1.　マルチメディアとはなにか

1.1　起　　　源 …………………………………………………………… *1*
1.2　複数のメディア ……………………………………………………… *2*
1.3　対　話　性 …………………………………………………………… *4*
　1.3.1　テッド・ネルソン ……………………………………………… *5*
　1.3.2　ヴァネヴァ・ブッシュ ………………………………………… *6*
　1.3.3　ダグラス・C・エンゲルバート ……………………………… *9*
　1.3.4　ティム・バーナーズ＝リー …………………………………… *11*
　1.3.5　ビル・アトキンソン …………………………………………… *12*
　1.3.6　アラン・ケイ …………………………………………………… *12*
1.4　デ ジ タ ル …………………………………………………………… *13*
　1.4.1　アナログ波形 …………………………………………………… *13*
　1.4.2　標　本　化 ……………………………………………………… *14*
　1.4.3　量　子　化 ……………………………………………………… *15*
　1.4.4　標本化定理 ……………………………………………………… *16*
　1.4.5　画像のデジタル化 ……………………………………………… *18*
　1.4.6　雑　音　耐　性 ………………………………………………… *20*
　1.4.7　パリティチェック ……………………………………………… *22*
1.5　デ ー タ 圧 縮 ………………………………………………………… *25*
　1.5.1　ランレングス符号化 …………………………………………… *25*
　1.5.2　Wyle 符 号 化 …………………………………………………… *26*
　1.5.3　　　JPEG ………………………………………………………… *28*

2.　パターン認識

2.1　パターン認識とは …………………………………………………… *42*
2.2　ベイズの学習法 ……………………………………………………… *46*
2.3　　1-NN 法 ……………………………………………………………… *50*
2.4　単純パーセプトロン ………………………………………………… *52*
　2.4.1　識別関数による最大値選択 …………………………………… *53*

目次

- 2.4.2 学習による重みの決定 ……………………………… 55
- 2.4.3 パーセプトロンの収束定理 …………………………… 57
- 2.5 サポートベクトルマシン ………………………………… 61
  - 2.5.1 線形分離可能 …………………………………… 61
  - 2.5.2 線形分離不可能 ………………………………… 64
  - 2.5.3 カーネル法 ……………………………………… 66
  - 2.5.4 カーネルトリックの実際 ………………………… 67
- 2.6 教師なし学習法 …………………………………………… 70
  - 2.6.1 階層的クラスタリング …………………………… 70
  - 2.6.2 k-means 法 …………………………………… 72

3. 画像メディア

- 3.1 画像の基本 ………………………………………………… 73
  - 3.1.1 画像の種類 ……………………………………… 73
  - 3.1.2 ヒストグラム …………………………………… 74
  - 3.1.3 色 ………………………………………………… 76
- 3.2 表色系 ……………………………………………………… 77
  - 3.2.1 RGB 表色系 ……………………………………… 77
  - 3.2.2 CMY 表色系 ……………………………………… 83
  - 3.2.3 HSV 表色系 ……………………………………… 83
  - 3.2.4 XYZ 表色系 ……………………………………… 86
  - 3.2.5 L*a*b* 表色系 …………………………………… 89
  - 3.2.6 YCC・YIQ・YCrCb 表色系 …………………… 91
  - 3.2.7 色管理 …………………………………………… 95
- 3.3 前処理 ……………………………………………………… 98
  - 3.3.1 コントラスト改善 ……………………………… 98
  - 3.3.2 雑音除去 ………………………………………… 102
- 3.4 特徴抽出 …………………………………………………… 106
  - 3.4.1 エッジ検出 ……………………………………… 106
  - 3.4.2 ハフ変換 ………………………………………… 114
  - 3.4.3 テクスチャ解析 ………………………………… 117
  - 3.4.4 オプティカルフロー …………………………… 124

4. 音メディア

- 4.1 音の基本 …………………………………………………… *128*
  - 4.1.1 音のデジタル化 ………………………………………… *128*
  - 4.1.2 音の三要素 ……………………………………………… *129*
  - 4.1.3 音声 ……………………………………………………… *132*
- 4.2 フーリエ変換 ………………………………………………… *135*
  - 4.2.1 フーリエ級数展開 ………………………………………… *136*
  - 4.2.2 連続フーリエ変換 ………………………………………… *136*
  - 4.2.3 離散フーリエ変換 ………………………………………… *137*
  - 4.2.4 高速フーリエ変換 ………………………………………… *138*
  - 4.2.5 振幅スペクトルとパワースペクトル …………………… *138*
  - 4.2.6 短時間フーリエ変換 ……………………………………… *140*
  - 4.2.7 不確定性原理 ……………………………………………… *143*
- 4.3 音声波形の分析 ……………………………………………… *144*
  - 4.3.1 調音器官の関数表現 ……………………………………… *144*
  - 4.3.2 LPC（線形予測符号化）分析 …………………………… *145*
  - 4.3.3 自己相関分析 ……………………………………………… *146*
  - 4.3.4 レビンソン・ダービンの逐次解法 ……………………… *147*
  - 4.3.5 ケプストラム分析 ………………………………………… *147*
  - 4.3.6 LPC ケプストラム ………………………………………… *152*
- 4.4 音の種別判定 ………………………………………………… *153*
  - 4.4.1 ソナグラム ………………………………………………… *154*
  - 4.4.2 Zero Crossing Rate ………………………………………… *157*
  - 4.4.3 音の動的尺度 ……………………………………………… *158*
  - 4.4.4 Spectral Flux ……………………………………………… *159*
  - 4.4.5 Cepstrum Flux ……………………………………………… *160*
  - 4.4.6 Block Cepstrum Flux ……………………………………… *161*
  - 4.4.7 4 Hz 変調エネルギー ……………………………………… *161*
- 4.5 ウェーブレット変換 ………………………………………… *164*
  - 4.5.1 不確定性原理 ……………………………………………… *164*
  - 4.5.2 連続ウェーブレット変換 ………………………………… *165*
  - 4.5.3 離散ウェーブレット変換 ………………………………… *167*
  - 4.5.4 ウェーブレットスペクトル ……………………………… *168*

5. テキストメディア

- 5.1 形態素解析 …………………………………… 170
  - 5.1.1 形態素解析とは ………………………… 171
  - 5.1.2 品詞と文節 ……………………………… 173
  - 5.1.3 最長一致法 ……………………………… 173
  - 5.1.4 単語数最小法 …………………………… 174
  - 5.1.5 接続表を用いる手法 …………………… 175
  - 5.1.6 二文節最長一致法 ……………………… 176
  - 5.1.7 接続コスト最小法 ……………………… 177
  - 5.1.8 課題 ……………………………………… 177
- 5.2 N グラム ………………………………………… 178
- 5.3 不要語削除 ……………………………………… 178
- 5.4 特徴語と出現頻度 ……………………………… 180
- 5.5 語の重み ………………………………………… 182
  - 5.5.1 語頻度 …………………………………… 182
  - 5.5.2 文書頻度 ………………………………… 183
  - 5.5.3 エントロピー …………………………… 184
  - 5.5.4 $tf\text{-}idf$ ………………………………………… 185
  - 5.5.5 残差 idf ………………………………… 186
  - 5.5.6 LR法 ……………………………………… 187
  - 5.5.7 Webサービス例 ………………………… 189
- 5.6 テキスト検索 …………………………………… 190
  - 5.6.1 ベクトル空間モデル …………………… 190
  - 5.6.2 適合性フィードバック ………………… 193
  - 5.6.3 質問拡張 ………………………………… 195
  - 5.6.4 ブーリアンモデル ……………………… 196
- 5.7 評価尺度 ………………………………………… 202
  - 5.7.1 再現率と精度 …………………………… 202
  - 5.7.2 F 尺度 …………………………………… 204
  - 5.7.3 E 尺度 …………………………………… 204

引用・参考文献 ……………………………………… 206

索引 …………………………………………………… 211

1 マルチメディアとはなにか

　本書は，マルチメディアの書である。であるからには，「マルチメディアとはなにか？」から説明していく必要がある。本章はそれについて述べ，次章以降，マルチメディアコンピューティングに関する各種技術について述べていく。

1.1 起　　　源

マルチメディアという語の起源には二つの説がある。まずそれらを紹介する。
（1）**トニー・ボベイの説**　　1962年ごろ，サンフランシスコ州立大学などでヒッピーたちがロックコンサートを開催した。そこでは，ロックンロール演奏とスライドショー，ライトショーなどの複数メディアを同期融合した実験的試みがなされた。そして，当時のサブカルチャー誌「サンフランシスコ・オラクル」がこれをマルチメディアと命名したのがマルチメディアの語源であるというトニー・ボベイ（Tony Bove）の説がある〔文献17），18）〕。
（2）**リチャード・ブルーノの説**　　1950年代にジェネラル・エレクトリック（GE）社では，スライドとオーディオ（オーディオテープ，当時は8トラックテープあるいはコンパクトカセットテープ）という，二つのメディアを同期連動させてプレゼンテーションを行うビジネス向けプレゼンテーションシステムを開発した。そしてGE社のロバート・ホープ（Robert Hope）がそのシステムをマルチメディアと命名したのが語

源であるというリチャード・ブルーノ（Richard Bruno）の説がある〔文献1)〕.

このようにマルチメディアという語の源は古く，いまとなってはどちらが元祖かよくわからない．ただ，複数のメディアを連動させるという意味（例えば，音とスライドショーとを連動させる）で使われることが多かったようである．

1980年代に入ると，コンピュータ関連分野でマルチメディアという語が使用されるようになった．1984年アップル（Apple）社はマッキントッシュ（Macintosh）を発売し，1987年にハイパーカード（1.3.5項参照）がマッキントッシュに搭載された．1989年に，富士通からマルチメディア・パソコンと銘打ったCD-ROMを世界で初めて内蔵したFM-TOWNSが発売され，1991年には富士通との共同開発の成果としてマイクロソフト社はWindows Media Playerの先祖ともいえるWindows 3.0マルチメディアエクステンション（Multimedia Extensions）をリリースした．同じく1991年にマッキントッシュにもCD-ROMが標準装備され，本章で定義するところのマルチメディアが広くパソコン上で体験できるようになり，コンピュータ関連分野だけでなく一般のマスメディアにおいてもマルチメディアという語が頻繁に使用されるようになった．

以降，筆者なりのマルチメディアの定義を試みようと思う．

1.2　複数のメディア

マルチメディア（multimedia）のマルチ（multi）は，「多くの」，「複数の」という意味である．よって，マルチメディアというからには，複数のメディアが包含されている必要があるだろう．

では，メディア（media）とはなんだろう．ここでは**マーシャル・マクルーハン**（Marshall McLuhan, 1911年カナダ生れ～1980年没）の説を軸にメディアについて考えてみる．マクルーハンは，カナダのマニトバ大学で文学と機械工学を学んだ．ケンブリッジ大学への留学の後，いくつかの大学で教育，研

究に携わり，1952年より没するまでトロント大学教授を務め，英文学，メディアに関する研究を行ったが，特にメディアに関する理論で有名である〔文献5), 6)〕。

mediaを英和辞書で引くと，mediumの複数形で，mediumの意味としては媒介，媒体，中間などが挙げられている。mediaは，communication media, mass mediaのように，テレビ，雑誌のような情報の媒体という意味で使用されることが多い。そして，メディアという語を使用するときは伝達される情報の内容に重きを置くのが一般的である。例えば，マスメディアとしてのテレビ放送を例にとると，テレビでなにを視聴するかに重きを置きがちである。しかし内容は問題ではないとマクルーハンは主張する。なにをテレビで見るかが重要なのではなく，テレビを見ること自体が重要であるという。その主張を端的に表現したのが「メディアはメッセージである」という彼の言葉である。これは文献6)の第1部1章のタイトルである。

この場合のメッセージとは，メディアが人間社会にもち込む新しい尺度（時間，空間，関係など）であり，メディアでなにが伝達されるかは問題ではない。テレビを例にとれば，テレビというメディアがもたらしたメッセージは，それが社会に与えた新しい時間と空間の尺度ということになる。テレビでは，地球の裏側で起こっていることを即時に見ることができる。例えば，2001年9月11日朝に米国で同時多発テロが勃発した。日本時間の9月11日午後10時（米国現地時間11日午前9時）には，日本でもその状況をテレビでリアルタイム（生放送，生中継）に見ることができ，2機目の飛行機が世界貿易センタービル南棟に激突するシーンを目撃することができた。テレビは確かにわれわれに新たな時間と空間の尺度を与えており，テレビ放送の内容もさることながら，テレビを見ること自体が重要になる。

それでは電話はメディアだろうか？ これに関しては文献20)という「メディアはメッセージである」ということを理解するための良書がある。文献20)によれば，電話の内容でなく電話することが重要である。電話というメディアのメッセージとは，電話することによりもたらされる新しい時間，空間，関係

の尺度である。筆者が小学生のころ，お客は突然，玄関先に現れた。当時は一般家庭に電話はなく，手紙での来訪の予約をする余裕がなければ，突然の来客となった。電話が普及すると，前もって電話で会う約束をする，あるいは訪問する許可を得てから訪問するという関係，礼儀作法が一般化した。すなわち，電話というメディアは新しい人間関係の尺度を社会にもたらした。

　メディアは複数のメッセージをわれわれに発信している。会う約束をするというのは，電話というメディアの複数のメッセージのうちの一つである。複数のメッセージのうちのどのメッセージを受信できるかは人それぞれである。例えば，古い世代の人は，電話というメディアから，用件があるとき（例えば訪問の約束をすることもその一つ）にかける電話というメッセージしか受信できない。そこで，若い人が用もないのにかけるおしゃべり長電話に苦言を呈する。一方，若い世代は電話というメディアのおしゃべり長電話というメッセージを受信，すなわち，おしゃべり長電話という可能性を選択している。ということで，電話は立派なメディアである。

　ただ，マクルーハンは，メディアとは私たちの体の一部を拡張する技術と定義しており，そうすると，鉄道，自動車は，われわれの足をきわめて長くして，一歩を数キロメートル以上としたメディアとなる。つまり交通メディアである。本書では，交通メディアにまで範囲を拡大することはせず，コミュニケーションメディア（五感，知能を拡張するメディア）に限定して話をしていくこととする。コミュニケーションメディアに限定すれば，マクルーハンのメディアは，テキスト，音，画像などの複数の要素メディアをベースに構成される応用メディアということができよう。マルチメディアであることの定義その1は，複数のコミュニケーションメディアを内包しているということである。

1.3　対　話　性

マルチメディアのもつ重要な性質に対話性（interactivity）[†]がある。マルチ

[†] インタラクティブ性，双方向性，インタラクティビティとも訳される。

メディアであることの定義その2は対話性である。

　かつてコンピュータの処理は，処理依頼—プログラム実行—結果返却という一往復のみであった。また，書物も基本的には1ページ目からストーリーが始まり，伏線などを敷くこともあるが，最終ページに向かって一方向に進行していく1次元的なものであり，書物が読者に一方的に語りかけるという意味で対話的ではなかった。そしてコンピュータの中においてもかつて文書は1次元的であり，対話的ではなかった。そうした状況下で，コンピュータ上のあらゆる情報処理を対話的にすることの重要性を認識し，実現に貢献した人々が出現した。以降それらの人々を紹介しつつ，対話性について述べる。

1.3.1　テッド・ネルソン

　コンピュータにおける対話性を表現する用語は**ハイパーテキスト**（hypertext）であり，この用語を生み出し，かつ，ハイパーテキストの概念に関して最も多大な貢献をしたのが**テッド・ネルソン**（Theodor Holm Nelson，1937年米国生れ）であろう。1960年から構想していたといわれる考えを公表した1965年の論文〔文献7)〕において，ハイパーテキストとハイパーメディアを提唱し，その実現に向け，ザナドゥプロジェクト（Project Xanadu）と1967年に命名されることになる計画を推進した〔このプロジェクトなどネルソンに関しては，文献8) に詳しい〕。

　ネルソンはハイパーテキストを，「文書と文書がリンクで結合され，各ユーザは自分の興味のおもむくままに，ある文書から別の文書へと移動していき，対話型の応答を可能にするもの」と規定している。そして，文書だけでなく，写真，図形，音などのメディアにも拡張しているのが**ハイパーメディア**（hypermedia）であるといっている。ハイパーテキストシステム，ハイパーメディアシステムというのは，基本的なもの（テキスト，画像，音，アイコンなど。パッケージなどということもある）と，そして，それら基本的なものから他の基本的なものへの移動とによって特徴づけられ，それらを現実のものとするのがザナドゥプロジェクトである。

映画監督の父と女優の母をもち，自身も映画を製作し，ニューヨークでタクシードライバーをしていたこともあるという異色の人物であるネルソンは，ハイパーテキストにおける著作権料にこだわった。彼のハイパーテキストにおいて文書は「公的」と「私的」がある。公的とは，一定の手続きの後に「出版」された文書である。文書を出版するときには出版料が徴収される。出版された文書の著作権所有者には著者と出版者の2種類がある。「出版された」文書の場合は，ユーザがその文書を閲覧したり，その文書にリンクを張ったりすると，著作権料が徴収される。著作権所有者が存在しないときは非営利基金に著作権料が入り，著作権所有者なしの文書の維持や貧乏な芸術家などの支援費用として支出される。一方，「私的」文書と宣言された文書は，その文書の著作権所有者が指定したユーザのみがアクセスでき，著作権所有者が有料にしたければ，指定したユーザとの間で私的に取り引きをする。このように著作権と著作権料の回収法を重視し，著作権料の一部をハイパーテキストシステムのネットワーク運用経費としようというザナドゥプロジェクトは，開発資金の問題もあり，未完のままである。このハイパーテキスト，ハイパーメディアは，Webとして実現され，Webでは著作権に関するさまざまな問題が現実に起こっていることはよく知られている。

　ネルソンに影響を与えたのが，つぎに述べるヴァネヴァ・ブッシュとダグラス・エンゲルバートである。ちなみにネルソンとエンゲルバートは親交があり，ネルソン製作の映画にエンゲルバートが出演したり，相互の自宅での食事に招待したりする仲のようである。

1.3.2　ヴァネヴァ・ブッシュ

　歴史上，メディアとメディアの間にリンクを張るというアイデアが初めて提示されたのは，**ヴァネヴァ・ブッシュ**（Vannevar Bush，1890年米国生れ〜1974年没）によるMemex[†]であろう。ブッシュは，1945年7月発刊の「アトランティック・マンスリー（Atlantic Monthly）」に「As We May Think

---

[†] MemexはMEMory EXtender（記憶拡張装置）の略といわれる。

（われわれが思ったように）」という題名の技術論文を発表した．この技術論文は，ネルソンの文献8)の1章に全訳が掲載されている．文献8)は，前述したようにネルソンの著作であり，その中に「As We May Think」が許可を得て転載されているということは，Memexがネルソンのザナドゥプロジェクトに影響を及ぼしたことの証であろう．

　Memexとは，個人の蔵書，記録，通信をすべて格納した装置であり，個人の記憶を拡張し，補てんし，高速かつ柔軟な検索が可能な装置である，とブッシュは述べている．個人用の装置としているところがすごいと思う．これはまさに現在のライフログの原型である．また，ブッシュの偉さは膨大なデータを単に圧縮し格納するだけではなく，検索しかも高速検索を可能にする技術の重要性を指摘していることである．

　さらに，将来は，携帯した小型カメラで写真を撮ると時刻が自動添付され，それにテキストや音声でコメントを付加でき，それらコメントは圧縮され，無線で記録装置（いまならばサーバであろうか）に送信でき，後から，その写真にコメントをさらに追加できる，としている．まさに現代のケータイではないか！　そして類似なものを抽出する必要性，共通のものを分類して格納する必要性も指摘している．

　また，Memexは，書籍のある頁，記録のある項目とそれと関連のある他の頁や項目を同時に表示することができ，それらに書込みをすることができる．二つの項目を連結する処理，いまでいうリンキングが重要であるとブッシュは指摘しており，Memexでは項目と項目の連結はユーザが指定することができ，一つの項目は複数の項目と連結することができる．ある項目が表示されているとき，ボタンを叩けば，連結先の項目を即座に呼び出すことができる．これを連想的選択と呼んでいる．索引による検索も可能であるが，即座に所望の項目を連想的に選択できることが，Memexの重要な特徴である．ブッシュは，リンクのことをトレイル（trail，道筋）と呼んでおり，トレイルは共有可能であるとしている．項目はテキストだけでなく写真も含むから，のちのハイパーテキスト，ハイパーメディアの概念の提唱である．

Memex における写真技術，そしてブリタニカ大百科事典をマッチ箱の大きさに圧縮して格納する技術などのハードウェアイメージについてもブッシュは述べているが，それはマイクロフィルムと乾式写真をベースにした機械式装置である。それら機械式装置は，ハイパーテキスト，ハイパーメディアを実際に実現した現在の電子式デジタルコンピュータをはじめとする電子装置とは大きく乖離しているが，それはブッシュの先見性を損なうものではない。なぜなら，この技術論文が掲載された1945年にはまだ電子式デジタルコンピュータはこの世に登場していないからである。

ここでブッシュのすごさを確認するために，彼がMemexを提唱した1945年前後のコンピュータの開発状況を見てみよう[†]。米国ペンシルバニア大学ムーア校で，弾道計算を目的にジョン・エッカート（John P. Eckert）とジョン・モークリー（John Mauchly）によって，電子式かつデジタル方式であり，実際に多くの科学技術計算に使用されたENIAC（Electronic Numerical Integrator and Calculator）の開発が1943年にスタートし，1946年に公にされた。真空管が18 000本も使われていたため，その大きさは高さ3 m弱，長さ25 mほど，奥行1 m弱であり，電力食いであった。ちなみにブッシュは弾道計算のための機械式アナログ計算機の発明で有名であった。一方，英国ケンブリッジ大学のモーリス・ウィルクス（Maurice V. Wilkes）は，1947年，プログラム可変内蔵方式のEDSAC（Electronic Delay Storage Automatic Calculator）の開発に着手し，1949年に稼動させた。EDSACにはサブルーチン方式が採用されており，実用的な電子式デジタルコンピュータの誕生であった。当時，ブッシュは米国政府の高官であり，1941年からは国防研究にかかわる科学研究開発庁の長官であったから，ENIACプロジェクトに関してなにかを知っていたかもしれない。しかし1945年時点ではENIACは未完成であり，ブッシュが電子式デジタルコンピュータについて深く理解していなかったことは当然である。さらにブッシュが生きた時代から50年間のデジタル技術の猛烈な進歩を正確に予測することなどなんびとを以ってしても不可能である。よ

[†] コンピュータの歴史を知りたい人は，文献19) を推薦する。

ってブッシュが，ライプニッツによる手回し式卓上計算機やバベッジによる階差機関に言及しており，計算のための機械の発展は予測しているが，電子式デジタルコンピュータを利用しようということに言及していないことはしかたのないことである．

このように，ハイパーテキスト，ハイパーメディアはブッシュが想定したハードウェアとは異質なハードウェアで実現されたが，そのことはブッシュの洞察力を損なうものではない．1945年当時に，Memexのような，記憶を拡張し，分類・共有化し，連想検索を可能にする装置の重要性を指摘するということは驚嘆に値する．当時のハードウェア技術ではどうにもならなかったが，本質的に重要な概念は時代が来れば実現されるということなのだろう．

1.3.3 ダグラス・C・エンゲルバート

Memexの影響を受け，かつ対話的システムの開発に多大なる貢献をし，ネルソンにも影響を与えたのが**ダグラス・C・エンゲルバート**（Douglas C. Engelbart，1925年米国生れ）である〔文献3) 9章, 4) 9章〕．エンゲルバートは第二次世界大戦中，海軍のレーダ技師として従軍していたとき，ブッシュのAs We May Thinkを読み，触発された．その後，カリフォルニア大学バークレー校で博士号を取得し，1957年にSRI（Stanford Research Institute）に入り，1962年にA Conceptual Framework for the Augmentation of Man's Intellectという論文を作成した〔邦訳が文献2) にある〕．Memexは人の記憶を拡張する装置であったが，エンゲルバートはそれをベースに，人の知的能力を増幅するためのコンピュータとの対話性やコンピュータを用いた共同作業にも着目した．そして，1962年以降，SRIのAugmentation Research Centerにおいて17名の研究者とともに，知的能力増幅システムNLS（oN Line System）の研究を主導する．

1968年12月，エンゲルバートはコンピュータの国際会議（Fall Joint Computer Conference）においておよそ1000名もの聴衆を前に90分に及ぶNLS

のデモ，センセーショナルな伝説のデモを行った[†]。このデモは，マルチウィンドウ表示可能なビットマップ CRT ディスプレイ上の画像やテキストを，マウスにより対話的に人が操作するというものであり，コンピュータが単なる高速計算の道具ではなく，人がコンピュータと対話することにより，人の知的活動が支援されることの可能性を示すというものだった。当時 28 歳のアラン・ケイ（1.3.6 項）もこのデモの聴衆の一人だった。1968 年当時のコンピュータの入力はパンチカード，紙テープ，出力はプリンタ用紙への印刷であった。NLS では，中央にキーボード，右側にマウス，左側にコードキーセット（chord keyset）が配置されていた。操作は，キーボード上に両手を置いて入力するモードと，右手にマウスを握り，左手はコードキーセットの上に置く入力モードがあった。キーボード入力では，文字列を打ち込んでいく。マウス-コードキーセット入力では，カット，コピー，ペーストといった編集作業が可能であった。

　コードキーセットにはキーが 5 個ある。アルファベットの A から Z は 1 から 26 までの数に対応させておく。1 なら A，3 なら C という具合である。5 個のキーを 5 本の指で押す。親指で押せば 00001 で A，人差し指で押せば 00010 で B，親指と人差し指で同時に押せば 00011 で C となる。5 本の指を使用すればアルファベット 26 文字を指示できる。ピアノのコード演奏のたとえから，コード（和音）キーセットと呼ばれたが，普及しなかった。この NLS のソフトウェアは，文章の階層構造を視覚化するアウトラインプロセッシング機能をもったワードプロセッシングが可能な世界初のソフトウェアであった。

　それ以外にも，すべてのオブジェクトにはアドレスが付与されていて，それに対してリンクを張ることができるというオブジェクトアドレッシング（object addressing）という考え方，コンピュータ間通信，コンピュータの遠隔操作，コンピュータ支援の協調作業，ビデオ会議，ディスプレイ上の文書同士を連結する機能（ハイパーテキスト），電子メールなどを統合していた。

[†] http://sloan.stanford.edu/mousesite/1968Demo.html にアクセスすればこのデモを見ることができる。マウスが一般大衆に披露されたのはこのデモが最初である。

NLS は今日のパソコン，特に人とコンピュータとのインタフェース技術の原点ともいえるシステムであり，Memex が提唱した概念の一部を具現化した最初の装置であった．

1.3.4 ティム・バーナーズ＝リー

インターネット上でのハイパーテキストを実現したのは**ティム・バーナーズ＝リー**（Timothy John Berners-Lee, 1955 年英国生れ）である〔文献 9）6 章〕．

バーナーズ＝リーはスイスのジュネーブ近郊に位置する欧州原子核研究機構（CERN）において，後に World Wide Web (WWW)[†] へと発展するハイパーテキストに基づく分散システムを 1989 年に提案し，1990 年に World-WideWeb Proposal for a HyperText Project という提案書を作成し，Web サーバ，Web ブラウザを構築した．そして 1991 年にハイパーテキスト作成言語 HTML (hyper text markup language)，そのプロトコル HTTP (hyper text transfer protocol)，URL (uniform resource locator) を公表し，世界初の Web サイトを開設した．Web は主に核物理学の研究者同士がインターネットを用いて情報交換をするための技術として開発されたが，文字しか表示できなかった．その後，1993 年にイリノイ大学国立スーパーコンピューティング応用センター（NCSA：National Center for Supercomputing Applications）の学部学生だったマーク・アンドリーセン（Marc Andreesen）らによって開発された Web ブラウザ モザイク（Mosaic）〔文献 9）6 章〕により画像表示，音出力がマウスクリックにより可能になり（まさにハイパーメディア），これが強力な援軍となり，Web は一般に向け爆発的に普及していき，われわれの日常生活に不可欠なものとなった．

バーナーズ＝リーの仕事においてはハイパーテキストという語を随所に見ることができ，ネルソンの影響・貢献を見ることができる．バーナーズ＝リーと CERN は Web 関連の特許を取得せず，無償公開した．これがネルソンのザナドゥプロジェクトとの決定的な差となり，Web の急速な普及の一因となった．

[†] 単に Web ということも多い．本書でも基本的に Web と呼ぶことにする．

1.3.5 ビル・アトキンソン

パソコン上でハイパーテキストを初めて実現したのが，**ビル・アトキンソン**（Bill Atkinson，1951年米国生れ）である．彼は，アップル社の1984年発売の初代マッキントッシュの中心的ソフトウェア開発者であり，マックペイント（MacPaint）などを開発した．初代マッキントッシュのソフトウェアの6割を作成したという．さらにマッキントッシュに1987年に搭載されたハイパーテキスト応用システムであるハイパーカード（HyperCard）を開発した．ハイパーカードでは，カード同士にリンクを張ることができ，カード上のボタンをクリックすると対応するカードに飛ぶことができた．すなわち，パソコン上でハイパーテキストが実現されていた．ハイパーカードは音，静止画，動画をサポートしており，マルチメディア編集ツールとして使用することができた．

ハイパーカードの商業的成功に伴い，ハイパーテキストという技術用語とその意味は一般に普及し，類似システムが作成された．

1.3.6 アラン・ケイ

対話性に関係する人物紹介の最後に，**アラン・ケイ**（Alan Kay，1940年米国生れ）を挙げておこう〔文献3) 11章, 4) 11章, 15)〕．1968年12月にエンゲルバートが伝説のデモを行ったとき，28歳のケイはその会場にいた．ケイは，1968年当時まだ巨大であったコンピュータを，パーソナルな対話的コンピュータ（パーソナルコンピュータ，略してパソコン）としていこうというビジョンをすでに提唱しており，エンゲルバートのデモから多大なる影響を受けた．1971年からゼロックス（Xerox）社パロアルト研究所（Palo Alto Research Center，PARC）に籍を置いていたケイは，1972年に小型軽量低価格で初心者や子供でもテキスト，画像，音を扱うことのできるGUI搭載のパーソナルコンピュータ構想にダイナブック（Dynabook）という名称を付けた．ダイナブックは，1973年にアルト（Alto）という名のデスクトップ型コンピュータ試作機となる．アルトにはダグがNLS上に構築した技術であるマウス，ウィンドウ，アイコン，ビットマップなどが実装され，GUIが存在した．そして

アルトは，1984年アップル社より発売されたマッキントッシュへとつながっていき，ケイはパソコンの父などと呼ばれるようになった。ちなみに1989年発売に始まる東芝のパソコンシリーズ ダイナブックは，ケイのダイナブック構想とは直接の関係はない。

　さて対話的ならよいのであろうか？　シナリオ展開を多数決で決定するドラマも過去にあったが，高い評価を受けたものはまだないと思う。一方，ゲームソフトにおいて，スクウェアのロールプレイングゲームであるロマンシング サ・ガはマルチシナリオ（フリーシナリオともいう）で，シナリオ分岐・選択が可能であるし，チュンソフトのアドベンチャーゲーム弟切草もシナリオ分岐・選択が可能である。これらのシナリオ選択に関しては好意的な評価も多い。地上波デジタル放送の時代を迎え，TVコンテンツにおいても対話的コンテンツ，例えば，節目節目でシナリオ展開を視聴者が選択できるコンテンツも増えてくると思う。多種多様な対話的コンテンツが開発され，多くの人々に感動を与える作品が出現することを今後楽しみに待ちたいと思う。

　以上，マルチメディアの重要な要素である対話性について，その実現に貢献した人々を紹介しつつ，述べた。

1.4　デ ジ タ ル

　マルチメディアであることの定義その3はデジタルである。デジタルの長所は，雑音やひずみに強いこと，データの圧縮が可能なことなどであり，その結果，コンピュータによるメディア情報の取扱いが容易となった。以降それらについて述べていく。ただし，データ圧縮に関しては一つの節（1.5節）とし，詳しく述べる。

1.4.1　アナログ波形

　アナログとは連続値，すなわち連続したかぎりなく細かい値であり，デジタルとは離散値，すなわちとびとびの値である。図1.1を用いて説明しよう。

14 1. マルチメディアとはなにか

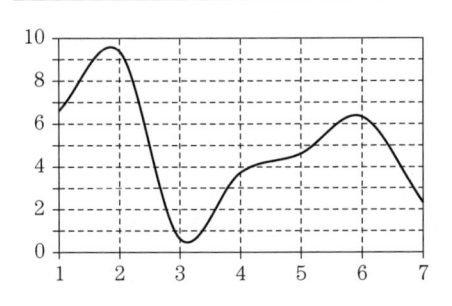

図1.1　アナログ波形

　図1.1では，横軸が時間，縦軸がアナログ信号の値である。よって，図の波形は，時間の経過とともに変化するアナログ信号の値を表示しているグラフである。ある時刻におけるアナログ信号の値は測定機器が高精度になればなるほど細かい値となる。また時間は連続量であるから図の時刻 i と時刻 $i+1$ の間にも時刻は存在し，高精度な測定機器になればなるほど細かな時刻を表示できる。これがアナログである。

　アナログからデジタルに変換するには，まず標本化を行い，つぎに量子化を行う。以降，図1.1のアナログ波形を例にとって述べる。

1.4.2　標　本　化

　標本化はサンプリング（sampling）ともいう。**図1.2**の場合，例えば1ミリ秒おきといったように，ある一定刻みの有限個の時刻を標本点（サンプリング点）として設定する。

　そして，その時刻におけるアナログ信号の値を測定する。図の黒三角▲の値が測定された値である。例えば，時刻3における▲の値は約0.6と読み取れ

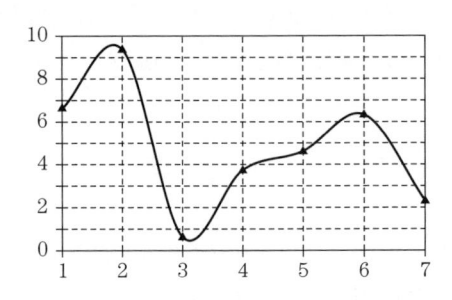

図1.2　標　本　化

る。標本化をすることにより，時刻 i と $i+1$ の間の信号の値は失われる。時間刻みを T としたとき，T を標本化周期（間隔），その逆数である $1/T$ を標本化周波数（サンプリング周波数）という。ちなみに，標本化周波数は，電話では 8 kHz，CD（コンパクトディスク）では 44.1 kHz[†1] である。

1.4.3 量 子 化

つぎに**量子化**（quantization）を行う。量子化においては標本点における値を量子化刻み，量子化単位と呼ばれるとびとびの値（離散値）で近似していく。**図 1.3** の縦軸において，例えば，量子化刻みを 1 とすると，図において，$0, 1, 2, \cdots, 9, 10$ というとびとびの値（離散値）しかとることはできない。その中間の値をとることはできない。そのため図の時刻 i に対応する▲の値を四捨五入することにより，アナログ信号の値は近似値である■の値となる。

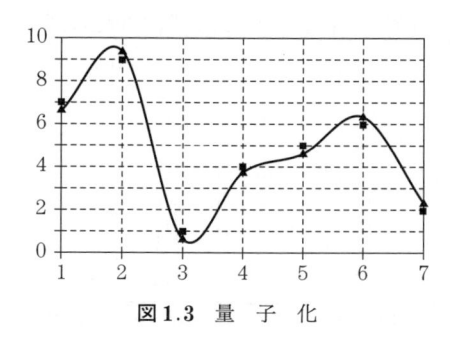

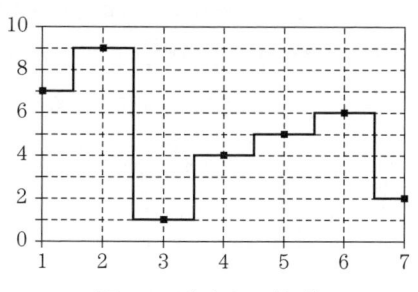

図 1.3 量 子 化　　　　　図 1.4 デジタル波形

これら■をたどると，図 1.4 のような凹凸グラフが得られる。これが，アナログ波形を標本化，量子化によってデジタル化した結果としてのデジタル波形である。標本化，量子化によって得られた標本点の値を標本値という。

アナログ波形をデジタル化すると誤差が出る。これは図 1.2，図 1.3，図 1.4 を比較すれば一目瞭然であろう。これを量子化誤差という。また，図 1.4 の例では，量子化段階数は 11 であるという。ちなみに電話の量子化段階数は 256（8 ビット[†2]），CD の量子化段階数は 65 536（16 ビット[†2]）である。

[†1] Hz（ヘルツ）の定義は 4.1 節を参照。
[†2] 量子化ビット数という。

1.4.4 標本化定理

さてアナログ波形を標本化するとき，その標本化周期，すなわち標本化周波数はどれくらいにしたらよいのであろうか？ 間隔は細かいほうが，すなわち，標本化周波数は高いほうが誤差は少ないが，情報量が増加する。これに関しては，標本化定理[†]というものがある。

標本化定理とは，アナログ波形を標本化するときには，その波形の最大周波数の2倍超の周波数で標本化する必要があるというものである。2倍以下の周波数で標本化すると，原波形は失われ，そこに含まれていない低い周波数の波形が得られてしまう。これをひずみ（折返しひずみ）が発生してしまうという。2倍超の周波数で標本化すれば，原波形と同じ周波数の波形を得ることができる。これを直感的に説明しよう。

まず，原波形が図 1.5 のような周波数 100 Hz（周期 10 ミリ秒）の正弦波だったとしよう。それを，100 Hz の 4 倍の標本化周波数 400 Hz で標本化する。400 Hz だと標本化周期は 2.5 ミリ秒だから，図 1.6 のように 2.5 ミリ秒間隔で標本化され，原波形の正負の変化を正しく追跡することができる。

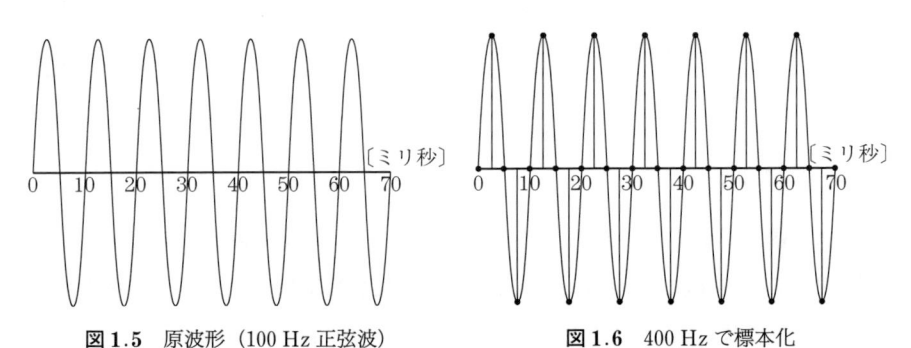

図 1.5　原波形（100 Hz 正弦波）　　　　図 1.6　400 Hz で標本化

では，標本化周波数を 125 Hz（標本化周期は 8 ミリ秒）にしてみよう。125 Hz は原波形の周波数 100 Hz の 2 倍以下であり，この場合は図 1.7 のようになり，原波形の正負を正しく追跡できず，標本値を結んだ正弦波は，原波形である 100 Hz の正弦波に比べ低い周波数である 25 Hz（周期 40 ミリ秒）の正

[†] サンプリング定理，ナイキスト定理ともいう。

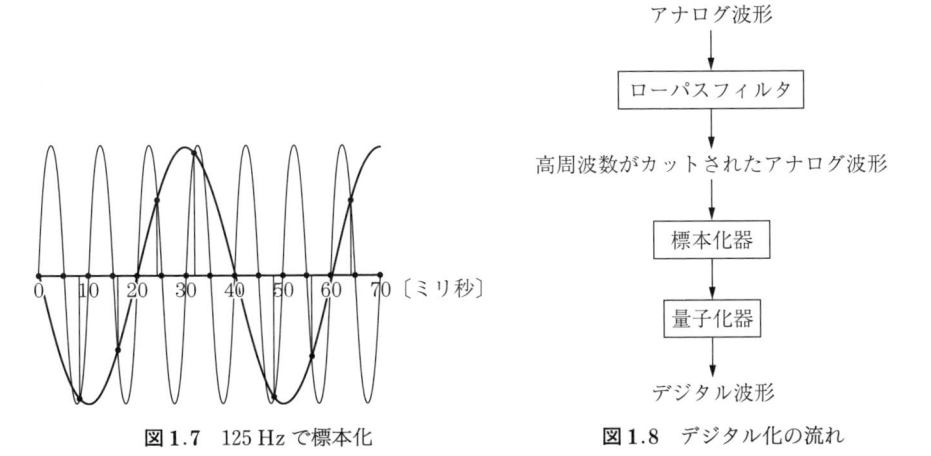

図 1.7 125 Hz で標本化　　　　**図 1.8** デジタル化の流れ

弦波となってしまっている。すなわち，100 Hz の波形を 125 Hz で標本化すると，100 Hz で折り返した周波数 25 Hz（＝125−100）に見え，折返しひずみ（モアレ），あるいはエイリアシング（aliasing），エイリアス信号と呼ばれる低い周波数のひずみが発生してしまう。

よって，標本化周波数の 1/2 を超える高周波数の波形はあらかじめカットしておく必要がある。そのため，**図 1.8** のように，一定以上の高周波数の波形を遮断し，低い周波数の波形のみを通過させるフィルタにアナログ波形を通す。このフィルタをローパスフィルタあるいは低域通過フィルタと呼ぶ。エイリアシングを防止するフィルタであるから，これをアンチエイリアシングフィルタ（antialiasing filter）と呼ぶこともある。なお，標本化周波数の 1/2 の周波数を**ナイキスト周波数**（Nyquist frequency）という。

さて，標本化定理を定式化しよう。

いま，ローパスフィルタを用いて，ある周波数以上の高周波数をカットした波形を $f(t)$ とする。$f(t)$ のフーリエ変換を $F(\omega)$ とすると

$$F(\omega) = \int_{-\infty}^{\infty} f(t)\, e^{-i\omega t} dt \tag{1.1}$$

$$f(t) = \frac{1}{2\pi} \int_{-\omega_m}^{\omega_m} F(\omega)\, e^{i\omega t} d\omega \tag{1.2}$$

となる（i は虚数単位）。そして標本化角周波数 ω_s と $f(t)$ における最大角周波数 ω_m との関係が $\omega_s > 2\omega_m$ ならば，次式が成立する。ここで，$\omega_s = 2\pi/T$ である。

$$f(t) = \sum_{k=-\infty}^{\infty} f(kT) \frac{\sin\frac{\omega_s}{2}(t-kT)}{\frac{\omega_s}{2}(t-kT)} \tag{1.3}$$

この式は，標本化周波数がアナログ波形の最大周波数の2倍超であれば，標本化以前のアナログ波形 $f(t)$ が，標本化後のデジタル波形 $f(kT)$ を用いて復元可能であることを示している。これが標本化定理である。電話では8 kHz，CD（コンパクトディスク）では44.1 kHz が標本化周波数であるから，ナイキスト周波数はそれぞれ4 kHz，22.05 kHz である。

1.4.5 画像のデジタル化

本節では白黒画像を対象としたデジタル化について述べる。カラー画像のデジタル化については3章で述べる。さて図1.9（a）のような手書き文字画像であるアルファベット大文字Aがあったとしよう。まずは標本化である。そのために，図（b）のように，縦横格子状に分割し（メッシュ化），有限個数の標本点とする。ます目一つ一つは画素あるいはピクセルと呼ばれる。ある画素に少しでも手書き文字がかかっているときにはその画素全体を黒，まったくかかっていなければ画素全体を白とするという二値の量子化を実行した結果が図（c）である。

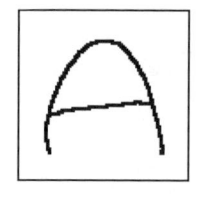

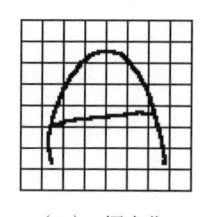

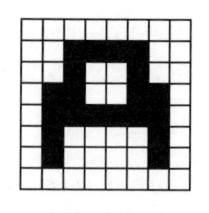

（a）手書き文字A　　（b）標本化　　（c）量子化

図1.9 手書き文字のデジタル化

1.4 デジタル

　この例のような2次元画像の場合，座標を (x, y) とし，濃度情報を表す関数を $f(x, y)$ とすると，アナログ画像においては，x, y, f の値は実数であり，デジタル画像においては，x, y, f の値は整数となる。標本化定理（1.4.4項）は画像の標本化においても成立する。原画像の x 方向，y 方向のそれぞれに関して，最大空間周波数の2倍超の周波数で標本化する必要がある[†]。

　では実際の画像に関して見てみよう。**図1.10**は画素数が縦横とも256個，すなわち標本化点が 256×256＝65 536 個で，量子化段階数である濃度階調数が256の画像である。

画像の女性の名前はレナ・ソジョーブロム（Lena Soderberg，1951年スウェーデン生れ）。画像はプレイボーイ誌1972年11月号から。フリーの画像サンプルとして有名

図1.10　レナ画像（256×256）

　図1.11（a），（b），（c）に画素数 64×64，32×32，16×16 の場合を表示する。画素数の多い少ないが標本化の細かい粗いに対応しており，標本点が増加するに従って解像度の高い，なめらかな画像となることがわかる。

　量子化段階数に対応するのが濃度階調数であり，図1.10は濃度階調数256の画像であった。濃度階調数が256ということは，黒の濃度を0，白の濃度を255とし，1から254は，1の暗いグレーから254の明るいグレーに向かって段階的に明暗が変化していくグレーとなっている。濃度階調数256の画像（図1.10）を濃度階調数 8, 4, 2 にした場合を**図1.12**（a），（b），（c）にそれぞれ表示する。量子化段階数（濃度階調数）が多ければ，量子化刻みは細かくなり，量子化誤差は小さくなる。

　カラー画像のデジタル化は3章でも言及するが，白黒画像と基本的には同じ

[†]　画像の空間周波数については1.5.3項〔2〕にて述べる。

(a) 64×64

(b) 32×32

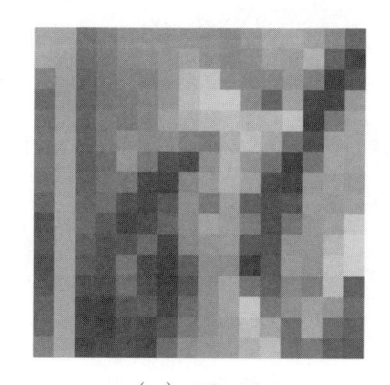

(c) 16×16

図1.11 レナ画像（画素数）

である。画素数が標本化に対応し，量子化段階数に対応するのが，例えば，赤，緑，青の三原色それぞれの濃度階調数である。三原色それぞれに濃度階調数として8ビットずつ使用するなら，256×256×256＝約1 677万色が表現可能となる。

1.4.6 雑 音 耐 性

デジタルが雑音（ノイズ）に強いことについて述べる。

実世界には雑音が蔓延している。例えば，自動車・オートバイなどのエンジン，掃除機や洗濯機やエアコンなどの電化製品のモータ，雷，金属と金属が接

1.4 デジタル　21

(a) 8階調　　　　　　　(b) 4階調

(c) 2階調

図1.12 レナ画像（階調数）

触したときに発生する火花などが空中に雑音電波を放出する。そして，多数の銅線を束ねた伝送線の場合，隣接する銅線からの信号の漏洩も雑音となる。また伝送にかかわる物質（ケーブル，中継器など）内の電子の熱振動に起因する雑音もある。このような雑音が伝送中の波形に混入すると，波形の電圧が変動し，波形が乱れる。例えば，**図1.13**（a）のような原アナログ波形を振幅変調により伝送する場合，伝送途中における雑音の影響で図（b）の点線部分のような雑音が付加され，図（c）のようにアナログ波形に変形が加わると原波形に復元することは難しい。

では，つぎにデジタルについて見てみよう。デジタル波形はビット値を，例

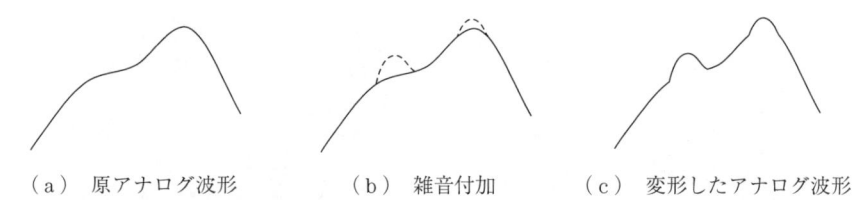

（a）原アナログ波形　　　（b）雑音付加　　　（c）変形したアナログ波形

図 1.13　アナログ波形と雑音

えば，0は低い電圧，1は高い電圧といった電圧に対応させたパルス波形として伝送される。伝送中に雑音の影響を受けてデジタル波形の電圧は変動し，波形は変形する。そこで，0に対応する低い電圧と1に対応する高い電圧の中間電圧値を基準とし，それより高ければ1，低ければ0と判定し，パルス波形を復元する（図 1.14）。

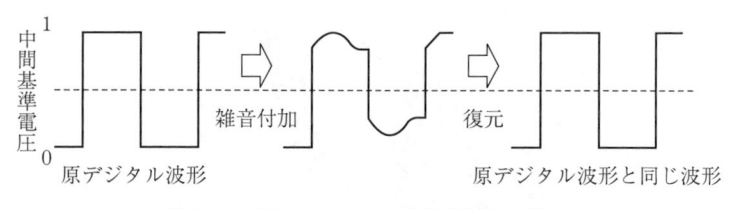

図 1.14　デジタル信号への雑音付加と復元

デジタル波形の伝送においては，伝送路の途中に中継器を一定の間隔で配置し，適宜，波形の劣化を復元しつつ，長距離伝送を行っている。デジタル波形の電圧に比べて雑音による電圧変動が小さければ原波形を復元できるが，雑音による電圧変動が大きいと，中間基準電圧を超えてしまい，原波形を復元することができない。これをビット誤り（ビットエラー）が発生するという。このような場合においても，デジタルの場合は，ビット誤りを見つける誤り検出，それを修正する誤り訂正が可能であり，つぎにそれらについて述べる。

1.4.7　パリティチェック

〔1〕**垂直パリティチェック**　　伝送するパルス列を一定の長さに分割する。一つ一つのパルスは1ビットの値（0か1か）に対応しているから，パル

ス列はビット列といってもよい。ここでは8ビットごとに分割し，それに1ビットのパリティビットを付加し，9ビットとしよう。この9ビットをブロックと呼ぶ。一つのブロック全体，すなわち9ビット内に含まれる1の個数が偶数になるようにパリティビットの値（0か1か）を設定する偶数パリティ方式と，1の個数が奇数になるようにパリティビットの値を設定する奇数パリティ方式がある。このように一つのブロック内のビット単位にパリティチェックを行う方式を**垂直パリティチェック**（vertical redundancy check）という。送信側と受信側はどちらのパリティ方式を採用するかをあらかじめ決めておく。発信側は各ブロックのパリティビットを設定し，ブロック単位で伝送する。いま，偶数パリティ方式を採用したとして説明を進める。

例えば，英大文字CのASCIIコードは「01000011」であるが，最後にパリティビット1を付加して，「010000111」とし，このブロック内の1の個数を偶数の4にして送信する。受信側は伝送されてきたブロックをチェックし，1の個数が偶数ならば誤りなし，奇数ならば誤りが発生したと判断する。図1.15においては受信側は1の個数が偶数の4だから，英大文字Cは正しいと判定できる。

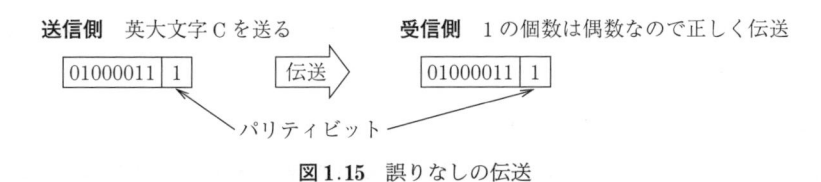

送信側 英大文字Cを送る　　　　**受信側** 1の個数は偶数なので正しく伝送
| 01000011 | 1 |　　伝送　　| 01000011 | 1 |
　　　　　└─ パリティビット ─┘

図1.15 誤りなしの伝送

一方，図1.16においては，8番目のビットが伝送中の雑音の影響で1から0になってしまっているが，結果として1の個数が奇数の3になっているので誤り発生を検出できる。ただし，どのビットが誤りなのかを判定することはでき

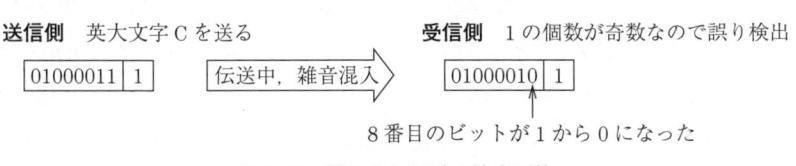

送信側 英大文字Cを送る　　　　**受信側** 1の個数が奇数なので誤り検出
| 01000011 | 1 |　伝送中，雑音混入　| 01000010 | 1 |
　　　　　　　　　　　　　　　　　　　　　↑
　　　　　　　　　　　　　　　8番目のビットが1から0になった

図1.16 誤りあり伝送で検出可能

ないので，例えば，受信側は送信側に再伝送を依頼する。

このようにパリティチェック（偶数パリティ方式でも奇数パリティ方式でも）においては，ビット誤り個数が奇数ならばその発生を検出できるが，偶数個の誤りが起こった場合は検出できない。図1.17のように，例えば，6番目と7番目のビットの2箇所で誤りが発生した場合，ブロック内の1の個数は偶数のままのため誤り発生を検出することができない。

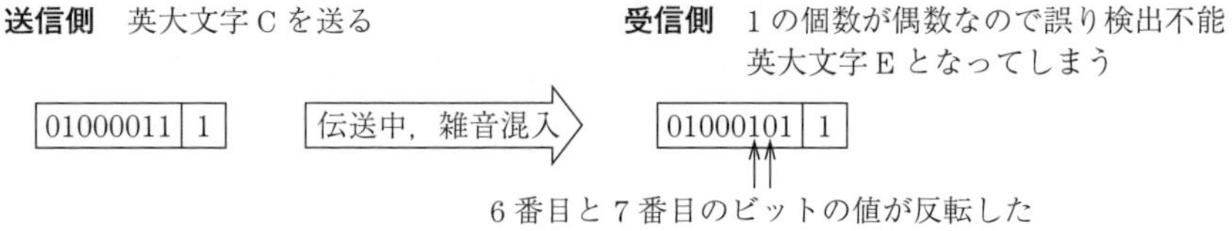

送信側　英大文字Cを送る　　　　受信側　1の個数が偶数なので誤り検出不能
　　　　　　　　　　　　　　　　　　　　英大文字Eとなってしまう

| 01000011 | 1 |　伝送中，雑音混入 →　| 01000101 | 1 |

　　　　　　　　　　　　　　　　　6番目と7番目のビットの値が反転した

図1.17　誤り検出不能

誤り検出だけでなく，もしもその場所までを特定することができれば訂正が可能となる。ビット誤りの訂正を「誤り訂正」という。これについては次項で述べる。

〔2〕**水平パリティチェック**　　前述の垂直パリティチェックは一つのブロック内のビット単位にパリティチェックを行う方式であった。さらに，ブロック単位にパリティビットを付加する方式を**水平パリティチェック**（longitudinal redundancy check）という。垂直パリティチェックと水平パリティチェックを用いて1ビットの誤り訂正をすることができる。

図1.18では，垂直パリティビットを含む9ビットを1ブロックとし，8ブロック単位に水平パリティビットを付加する（いま，垂直，水平ともに偶数パリティ方式を採用するものとする）。

図1.18ではASCIIコード文字列で英大文字列「MULTIMED」を伝送しようとしている。ここで，伝送途中の雑音混入により，受信側では図1.19のようなビット列を受信したとしよう。ここでは2行目のブロックの左から4列目のビットが1から0に反転している。そうすると，上から2行目の1の個数が奇数になるため2行目のブロックに誤りを検出できる。また，左から4列目

1.5 データ圧縮　25

図 1.18　水平パリティ

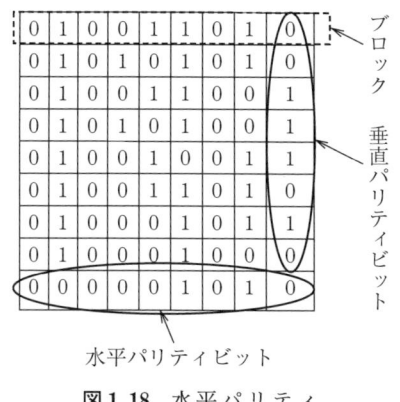

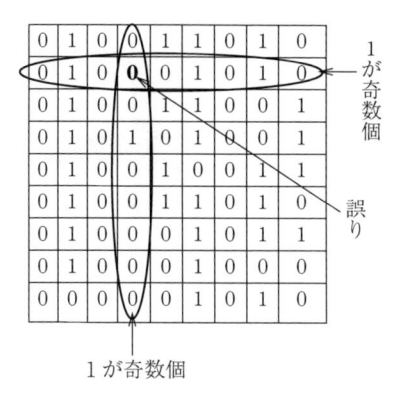

図 1.19　水平パリティによる誤り訂正

の 1 の個数も奇数になるため 4 列目に誤りを検出できる．この結果，交差する 2 行 4 列目の 0 が誤りであり，それを 1 に訂正することができ，「英大文字列 MULTIMED」を受信することができる．このように水平パリティチェックを導入することにより 1 ビットの誤りを訂正 (検出するだけでなく復元) できる．

1.5　データ圧縮

デジタルでは，データ圧縮が可能なため，同じ情報量を送るのにアナログに比べ伝送コストを安価にできる．伝送における送受手順としては，送信側は原データを符号化により圧縮して送り，受信側では復号によって原データを得る．データ圧縮はデジタルの重要な特徴であるため節を改めて詳しく述べる[†]．

1.5.1　ランレングス符号化

例として図 1.20 のような白黒の二値画像を考えよう．

図 1.20 では 9×9＝81 の画素があり，英大文字の E が表示されている．各画素に 1 ビットを割り当て，白なら 0，黒なら 1 としよう．画素は横 9 個であるから 1 行分の情報量は 9 ビットとなる．例えば，図 1.20 の 1 行目はすべて

[†] より詳細な解説が文献 16) に，平易な解説が文献 12), 14) にある．

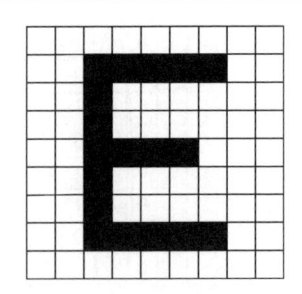

図1.20 英大文字 E

白だから 000000000 となる。縦9画素だからデータ圧縮をしなければこの画像を表現するのに 9×9＝81 ビットが必要となる。

黒あるいは白が連続して出現する長さをランレングスという。図1.20の文字Eの2行目を見ると，最初にランレングス2の白画素，続いてランレングス5の黒画素，そして最後にランレングス2の白画素となっている。よって白2，黒5，白2のように表現できる。また，白と黒とは必ず交互に出現するから，白2,5,2のような表現も可能であり，結果として必要なビット数を減らす，すなわち圧縮できる。このような圧縮法を**ランレングス符号化**（run length encoding）という。ランレングス符号化は可逆圧縮符号化であり，もとの画像を完全に復元できる。FAX送受信に採用されているデータ圧縮法もランレングス符号化手法の一種である。なおデータ圧縮にはもとの画像を完全に復元できない非可逆圧縮符号化もある（1.5.3項 参照）。

次項においてランレングス符号化の一種である Wyle 符号化について述べる。

1.5.2 Wyle 符号化

前述のように図1.20の2行目（白2，黒5，白2）は前提（最初は白）とすれば 2,5,2 のように表現できるから，これらそれぞれを2進数化し，その後連結して 1010110 と符号化できる。しかしこのままでは，白2，黒5，白2の切れ目に相当する区切りがどこにあるか不明のため復号できない。例えば 10，10，110 と区切ってしまうと白2，黒2，白6となってしまう。正しく区切りを入れることのできる符号化の一つが **Wyle**（ワイル）**符号化**である。

長さ n（10進数）のランレングスの Wyle 符号化手順はつぎのとおりである。

手順1　$n-1$ を求め，それを二進数に変換した結果を m とする。n が 1 あるいは 2 の場合は，m はそれぞれ 00，01 とする。

手順2　m のビット長を B としたとき，$L=B-2$ とする。

手順3　m の直前に 0 を 1 個付加し，さらにその前に L 個の 1 を付加する。

これら手順の結果を**表 1.1** にまとめた。表の $ の部分に m が入る（$n=1, 2$ の場合は例外）。

表 1.1　Wyle 符号化

ランレングス	Wyle 符号	符号長
1～4	0$$	3
5～8	10$$$	5
9～16	110$$$$	7
17～32	1110$$$$$	9
33～64	11110$$$$$$	11
65～128	111110$$$$$$$	13
129～256	1111110$$$$$$$$	15

図 1.20 の英大文字 E の 2 行目の例では，Wyle 符号は 00110100001 となり，これは一意に復号できる。図 1.20 全体を Wyle 符号化する過程と結果を **表 1.2** に示す。符号化の結果，Wyle 符号長の総計である全ビット数は 67（＝34＋33）となる。よって圧縮しない場合の全ビット数 81（＝42＋39）に比べ，情報量は

表 1.2　Wyle 符号化による圧縮

ランレングス	白 11	黒 5	白 4	黒 1	白 8	黒 1	白 8	黒 4	小計 42 ビット
$n-1$	10	4	3	0	7	0	7	3	
二進化	1010	100	11	00	111	00	111	11	
Wyle 符号	1101010	10100	011	000	10111	000	10111	011	
Wyle 符号長	7	5	3	3	5	3	5	3	小計 34 ビット
ランレングス	白 5	黒 1	白 8	黒 1	白 8	黒 5	白 11		小計 39 ビット
$n-1$	4	0	7	0	7	4	10		
二進化	100	00	111	00	111	100	1010		
Wyle 符号	10100	000	10111	000	10111	10100	1101010		
Wyle 符号長	5	3	5	3	5	5	7		小計 33 ビット

約17.3％圧縮されている。なお圧縮率は対象とする画像，この例でいえば文字がなんであるかに依存する。

1.5.3　JPEG

データ圧縮法の一つであるJPEG（ジェイペグと読む）について述べる。

JPEGは主にカラー静止画像を対象とするデジタルデータ圧縮符号化規格であり，1992年に決定した。Joint Photographic Experts Groupという標準化活動団体の頭文字をとった略称が，そのまま方式，ファイル形式の名称として使用されている。ファイルの拡張子としてはjpg，jpeg，jpeなどがある。

ここでは，非可逆方式であるベースラインシステムという基本方式について述べる。非可逆方式の圧縮符号化というのは，原画像を圧縮符号化する過程で情報が失われるため，それを復号したときに，原画像を完全に復元できない方式である。完全に復元できる方式を可逆方式の圧縮符号化というが，圧縮率が非可逆方式に比べて劣る。

ベースラインシステムでは，画像のブロック分割，DCT（離散コサイン変換），量子化，ハフマン符号化を順に適用し，圧縮を行う。以降，原画像をグレースケール画像（3.1.1項 参照）として，これらについて順次，説明していく。

〔1〕 **画像のブロック分割**　8×8の64個の画素から構成される正方ブロックで，原画像全体を分割する（**図1.21**）。ブロックサイズが8×8より大きくなると演算量が増加し，ブロックサイズが8×8より小さいと圧縮効果が出ないため，トレードオフをとり，8×8のブロックが処理の基本単位となった。

〔2〕 **空間周波数**　離散コサイン変換を理解するために，まず空間周波数について述べる。

図1.22の上のような2枚の画像があったとしよう。この画像の任意の場所に水平線を引き，縦軸として濃度値をプロットしていくと，図の下のような波形が得られる。音波形は，横軸が時間tで縦軸が強さであり，例えば$f(t)$と表現されるが，図の下の波形は，横軸が空間的な距離で，縦軸が濃度値となる

ブロック1　ブロック2　ブロック3

図 1.21 ブロックによる画像分割

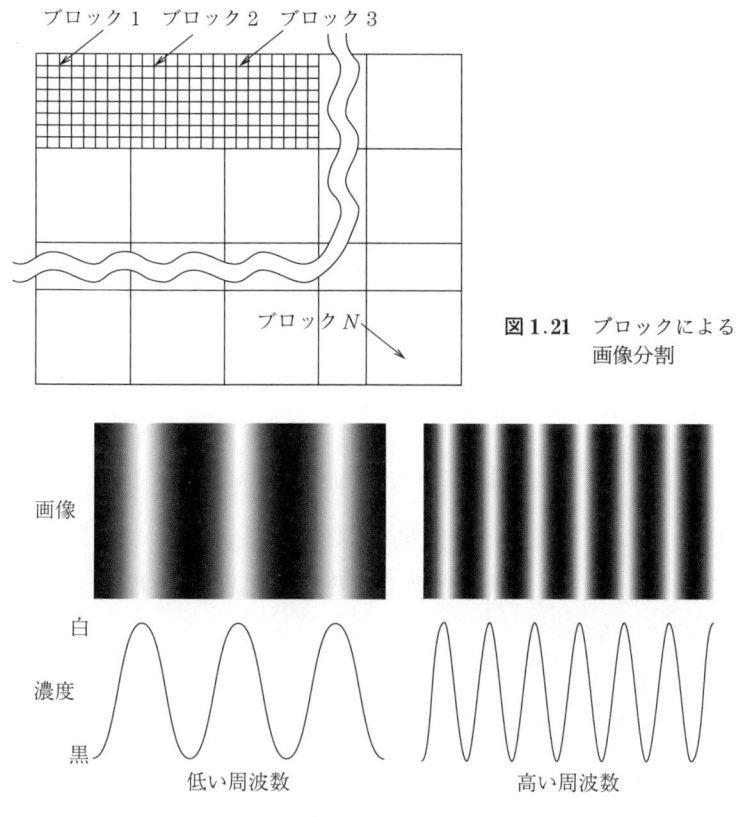

図 1.22 画像と空間周波数（1次元）

ので，横軸を x とすれば $f(x)$ と表現できる．よってこの濃度波形 $f(x)$ の周波数を空間周波数といい，画像の濃淡変化を空間周波数で表現できる．より高い空間周波数の画像（図右上）では，より低い空間周波数の画像（図左上）に比べ，濃淡が細かく変化している．

図 1.23 の画像は，図の右側と下側に表示された x 方向（横方向）の濃度波形と y 方向（縦方向）の濃度波形を重ね合わせることによって構成できる．この画像では x 方向の濃淡変化より y 方向の濃淡変化のほうが細かいので，x 方向の濃度波形の空間周波数より y 方向の濃度波形の空間周波数が高くなっている．現実の画像はこのような単純なものではないため，現実の画像を

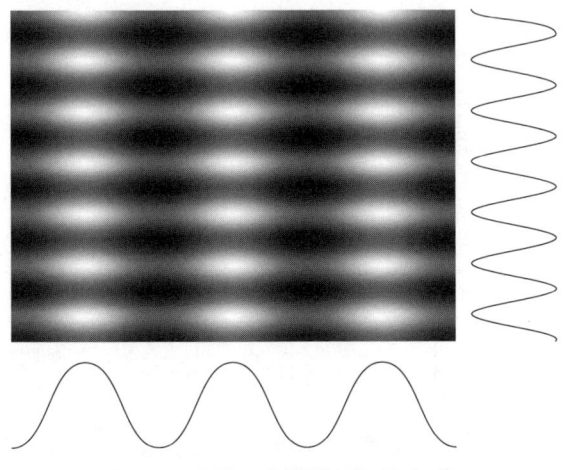

図1.23　画像と空間周波数（2次元）

　x方向の水平線で，あるいはy方向の垂直線で切ったときの線上の濃度波形は複雑なものとなるが，画像は多数の濃度波形の空間周波数成分の重ね合せ（和）で構成できると考える。

　隣同士の画素を考えたとき，急激に濃度が変化するのはエッジ（輪郭）部分である。エッジ以外の部分では濃淡変化はゆるやかで，隣同士の画素濃度は近い値となる。これを隣同士の画素の相関が高いという。画像の多くの部分において濃度値はゆるやかに変化するから，空間周波数の低周波数成分は大きく，高い周波数になるほどその成分が小さくなるという傾向が予想される。言葉を変えれば，低周波数成分は画像全体に関係し，逆に高周波数成分になるほど画像の局所的細部に関係するといえる。このような画像の空間周波数の各周波数成分を表現する手法の一つがつぎに述べる離散コサイン変換である。

　〔3〕　**離散コサイン変換**　〔1〕で述べた一つのブロックが一つの画像であると見なして，8×8の画像データからなるブロック単位に2次元の**離散コサイン変換**（discrete cosine transform，**DCT**）をかける。いま，各画素の濃度値を0（黒）から255（白）の整数値，すなわち8ビットで表現する。DCTの理解にはフーリエ変換の知識が必要であるが，これに関しては4.2節を参照してほしい。

x 軸，y 軸上の画素位置 i, j の濃度を $f(i, j)$ とする．画像を 2 次元 DCT したとき，空間周波数軸上の位置 u, v における値を求める式は

$$F(u, v) = \frac{2c(u)c(v)}{\sqrt{mn}} \sum_{i=0}^{m-1} \sum_{j=0}^{n-1} f(i, j) \cos\left\{\frac{(2i+1)\pi}{2m}u\right\} \cos\left\{\frac{(2j+1)\pi}{2n}v\right\}$$

(1.4)

である．ただし，$c(u)$ は $u=0$ のときのみ $1/\sqrt{2}$，$c(v)$ は $v=0$ のときのみ $1/\sqrt{2}$，それ以外では 1 である．画素数は x, y 方向それぞれ m, n 個である．実際は 8×8 の正方ブロックごとに DCT する，すなわち x 方向，y 方向の画素数はそれぞれ 8 だから

$$F(u, v) = \frac{c(u)c(v)}{4} \sum_{i=0}^{7} \sum_{j=0}^{7} f(i, j) \cos\left\{\frac{(2i+1)\pi}{16}u\right\} \cos\left\{\frac{(2j+1)\pi}{16}v\right\}$$

(1.5)

となる．この $F(u, v)$ は空間周波数成分の大きさを表しており，DCT 係数と呼ばれる．DCT 係数の個数はブロック内画素の個数に等しく，この場合，8×8=64 個である．空間周波数自身も 64 パターンあり，それぞれを基底パターンという（図 1.24）．

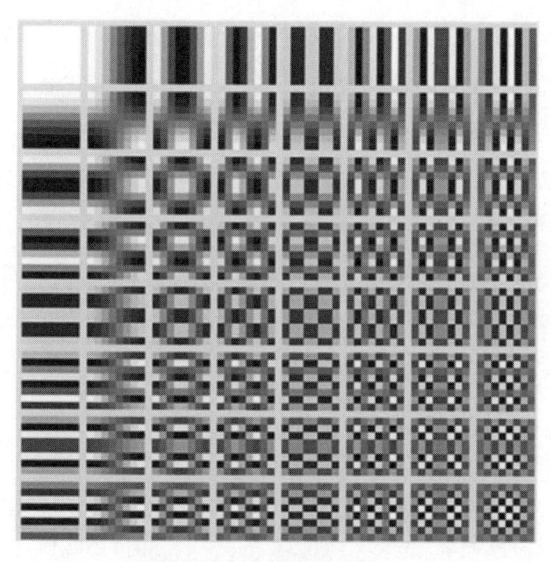

図 1.24 64 種の基底パターン

基底パターンは

$$\cos\left\{\frac{(2x+1)\pi}{16}u\right\}\cos\left\{\frac{(2y+1)\pi}{16}v\right\} \quad (u, v, x, y = 0, 1, 2, \cdots, 7)$$

(1.6)

により求まる．図 1.24 の 1 行目は x 方向のみに空間周波数をもつ基底パターン，1 列目は y 方向のみに空間周波数をもつ基底パターン，2 行 2 列以降は x 方向と y 方向の両方の空間周波数をもつ基底パターンである．なお，1 行 1 列目の真っ白な基底パターンは周波数のない，すなわち直流の基底パターンを表している．例えば，2 行 3 列目の基底パターンにおける 8×8 の最左上の小さな 1 ますは，式 (1.6) において $u=3$，$v=2$，$x=0$，$y=0$ とすれば求まる．ただし，式 (1.6) の値は -1～1 なので，図 1.24 のように表示するためには，0（黒）～255（白）へと変換する必要がある．DCT 係数は対応する基底パターンの重みであり，2 次元画像は，64 個の重み付き基底パターンの重ね合せで表現できる．すなわち各基底パターンと対応する DCT 係数との積をとり，それを重ね合わせれば（和をとれば）原画像が得られる．

さて画素一つ一つの濃度 $f(i, j)$ は 0 から 255（8 ビット）の正整数値で表現される．JPEG では DCT 係数の値を小さくするため，この濃度値から 128 を減じて，-128 から 127 の範囲に値シフトしてから DCT 係数を求める．図 1.10（1.4.5 項）の画像を例にとり，図 1.25 にその画像の左上隅の 1 ブロック（8×8）の濃度値，図 1.26 にそれを値シフトした後に DCT した結果の

162	162	162	160	155	155	157	157
162	162	162	163	157	155	157	159
162	162	159	158	157	156	156	155
163	163	159	157	156	152	154	157
164	164	161	158	158	156	156	155
161	161	159	159	157	156	156	155
155	155	157	155	156	156	154	156
159	159	157	152	154	155	155	154

図 1.25　原 濃 度 値

238	17	5	-3	0	-1	-1	0
9	4	1	-4	2	2	-1	-1
-3	-4	-1	-1	-2	2	2	0
3	0	-2	-1	0	1	0	-1
0	4	4	0	-1	-1	0	1
-5	-2	0	-1	1	-1	1	0
0	2	1	3	-2	0	-1	0
0	-1	-1	2	-2	0	1	1

図 1.26　DCT 係数

DCT 係数を示す。

　図 1.26 において，左上に行くほど低周波数成分，右下に行くほど高周波数成分である。左上隅の $F(0,0)$ は周波数 0 に対応する成分，すなわち直流成分であり，DC 成分あるいは DC 係数と呼ばれる。$F(0,0)$ 以外は交流成分であり，AC 成分あるいは AC 係数と呼ばれる。

　通常，空間周波数が高周波数になればなるほど，それは画像の局所的細部にかかわるためその成分は少ない。よって DCT 係数の図の右下に行くほど絶対値は小さくなる傾向がある。低周波数成分の DCT 係数の絶対値が大きいことを画像のエネルギーが低周波数成分に集中しているという。なお画像を多数の空間周波数成分の重ね合せ（和）として表現した時点では，まだ情報は失われていない。

　DCT 係数からの原画像の復元には，つぎの逆 DCT 演算を行う。

$$f(x,y) = \frac{1}{4} \sum_{u=0}^{7} \sum_{v=0}^{7} c(u)c(v)F(u,v) \cos\left\{\frac{(2x+1)\pi}{16}u\right\} \cos\left\{\frac{(2y+1)\pi}{16}v\right\} \tag{1.7}$$

ただし，$c(u)$ は $u=0$ のときのみ $1/\sqrt{2}$，$c(v)$ は $v=0$ のときのみ $1/\sqrt{2}$，それ以外では 1 である。

　いま，画素の濃度 $f(i,j)$ は 8 ビットで 128 を減じてから DCT したので DCT 係数の範囲は $-1\,024$ から $1\,023$ となり，整数化すると二進数で 11 ビットを必要とする。よってビット数が 8 から 11 に増加してしまう。そこでつぎに，この DCT 係数を量子化し，情報量を圧縮する。

〔4〕**量子化**　　情報量削減のため，周波数成分である DCT 係数を量子化する。1 画素当り 8 ビット未満の情報量に圧縮するために，結果として DCT 係数当り平均で 8 ビット未満になるように量子化をしたい。

　DCT 係数は 2 次元平面に格子上に展開されているから，ます目ごとに量子化していく。量子化刻みを定め，それで DCT 係数を除して四捨五入し，整数化（量子化）していく。11 ビットの情報を 8 ビットの情報にするために，例えば DC 成分を量子化刻み 8 で割り，四捨五入する（∵ $2^{11}/2^8 = 2^3 = 8$）。直流

成分であるDC成分は

$$F(0,0) = \frac{1}{8}\sum_{i=0}^{7}\sum_{j=0}^{7} f(i,j) \tag{1.8}$$

であるから，これを8で割った値は1ブロック64画素の濃度値の平均値となる。

DC成分や低周波数成分の絶対値は高周波数成分の絶対値よりも大きいので，2次元平面の左上から右下にいくに従って，量子化刻みを大きくしていく。すなわち，より高周波数成分の情報をより多く削減していく[†]。これは通常，画像内に高周波数成分がそれほど多く存在しないということと，人の視覚が細かい濃淡変化（高周波数）に対して鋭敏でないという性質を利用している。実際の量子化刻みの情報はあらかじめ用意した量子化表に格納されている。**図1.27**に量子化表の一例を載せる。2次元平面に展開されているDCT係数はこの表に基づき，ます目ごとに量子化されていく。

8	6	5	8	12	20	26	30
6	6	7	10	13	29	30	28
7	6	8	12	20	28	34	28
7	8	11	14	26	44	40	31
9	11	18	28	34	54	52	38
12	18	28	32	40	52	56	46
24	32	39	44	52	60	60	50
36	46	48	49	56	50	52	50

図1.27　量子化表

30	3	1	0	0	0	0	0
2	1	0	0	0	0	0	0
0	−1	0	0	0	0	0	0
0	0	0	0	0	0	0	0
0	0	0	0	0	0	0	0
0	0	0	0	0	0	0	0
0	0	0	0	0	0	0	0
0	0	0	0	0	0	0	0

図1.28　量子化DCT係数

図1.28にDCT係数を量子化した結果（量子化DCT係数）を示す。低周波数成分以外は0になっている。例として選択したブロックは濃度変化が乏しかったが，濃度変化の激しいブロックにおいては高周波数成分が大きくなるので，AC成分に絶対値1以上の数値が増える。それでも0の部分は多く，0は1ビットで表現できるから，全体として大幅に情報量が圧縮される。量子化表の量子化刻みを大きくすれば0が増えて圧縮率は高くなるが，画質が低下する。一方，量子化刻みを小さくすれば圧縮率は低いが，画質はよくなる。

[†] この時点で情報が失われる。

1.5 データ圧縮   35

量子化の後，つぎに述べるハフマン符号化によりさらに情報量を圧縮する。

〔5〕 **ハフマン符号化**　**ハフマン符号化**は，エントロピー符号化（可変長符号化）の代表的なものである。**エントロピー符号化**とは，「より出現する（生起確率の高い）情報に，よりビット長（コード長）の短い符号を割り当てることで，平均コード長を短くする，すなわち，全体の符号量を減らす（圧縮する）」手法である[†1]。以降，ハフマン符号化について述べる。

いま，a, b, c, d, e, f, g, h という8種類の英文字からなる文を考える。この8種類の英文字が出現する確率（生起確率）をそれぞれ 0.21，0.04，0.07，0.11，0.31，0.06，0.05，0.15 とする[†2]。ハフマン符号化の手順はつぎのようである（**表1.3**）。

表1.3　ハフマン符号化手順

文字	e	a	h	d	c	f	g	b
生起確率	0.31	0.21	0.15	0.11	0.07	0.06	0.05	0.04
手順 1回目							0　0.09　1	
2回目					0　0.13　1			
3回目				0		0.2　1		
4回目				0.28	1			
5回目		0		0.41		1		
6回目	0		0.59	1				
7回目			1.00　1					
ハフマン符号	00	10	010	110	0110	0111	1110	1111
符号長（ビット）	2	2	3	3	4	4	4	4

手順1　事象[†3]を生起確率の高いほうから順に並べる。

手順2　最低生起確率の事象とそのつぎの事象の2事象に1ビットのコード(1, 0)をそれぞれ付与する[†4]。

[†1] わかりやすい説明が文献11）にある。大村氏の一連の著作はわかりやすい。
[†2] 英語の一般的な文のアルファベット（単文字）の生起確率に準拠している。この8種類の文字だけなら，表1.3のように生起確率は高い順に e, a, h, d, c, f, g, b である。
[†3] 最初は1文字の出現が事象，2回目以降は二つの事象を統合したもの。
[†4] 最低生起確率事象を1にするか0にするかは任意で，最初に決めておき，それに従う。表1.3では最低生起確率事象のほうに1を付与している。

手順3　この二つの事象の生起確率の和を求め，それを一つの事象とする。

手順4　すべての事象が一つに統合されていなければ，手順1に戻る。

手順5　全事象が統合されれば，トーナメント戦のようなハフマン木が生成され，符号化は終了する。このとき，各文字のハフマン符号は，上記手順で木の葉側から割り当てられた値を最下位ビット側から並べていけば得られる。例えば，文 bee をハフマン符号化すると，表1.3のハフマン符号の部分を参照し，11110000 となる。

ではつぎに 01010110 というハフマン符号を復号してみよう。表1.3より 010 は h で，010 の後にこれ以上 0 あるいは 1 が続く文字はないので，010 は h だとわかる。続く 10 は a でこれ以上 0 あるいは 1 が続く文字はないので a だとわかる。最後の 110 は d だとわかり，復号結果として had が得られる。ハフマン符号化を用いれば符号化された 0 と 1 のビット列は曖昧性なく復号できる。

いま，事象の数は8個（8文字）だから，全事象の生起確率が等しければ，これらの文字のコード化には3ビットを必要とする[†]。しかし生起確率に偏りがあるため，ハフマン符号化することによって，表1.3より，1文字のコードの平均ビット長は，$2\times(0.31+0.21)+3\times(0.15+0.11)+4\times(0.07+0.06+0.05+0.04)=2.7$ となり，ビット長を圧縮することができることがわかる。

〔6〕**量子化 DCT 係数のハフマン符号化**　続いて量子化 DCT 係数のハフマン符号化について述べる。DC 成分と AC 成分は別々にハフマン符号化する。

（a）**DC 成分のハフマン符号化**　DC 成分は隣接ブロックごとの差分をとる。つまり（ブロック i の DC 成分）−（ブロック $i-1$ の DC 成分）を求め，これを DC 成分差分値とする。画像全体は 8×8 のブロックに分割されているから，ブロック1（図1.21）から順に差分をとっていく。ただし，ブロック1の DC 成分だけは 0 との差分をとる。通常，隣接するブロックの平均濃度値（DC 成分）は似ている，すなわち差分は小さい。そこで 0 近傍の小さな整数

[†] 例えば文献13) の 3.1 節を参照。

値の生起確率が高い。よって，差分の絶対値が小さいほど短いハフマン符号を割り当てる。実際はあらかじめ作成した DC 成分差分値に関するハフマン符号表を用いることが多い。表 1.4 は DC 成分のハフマン符号表の一部である。DCT 係数の範囲は $-1\,024$ から $1\,023$ だから，DC 成分差分値は $-2\,047 \sim 2\,047$ となり，ハフマン符号表のカテゴリ番号は 11 （DC 成分差分値は $-2\,047$ $\sim -1\,024$, $1\,024 \sim 2\,047$）まである。

表 1.4 DC 成分のハフマン符号表（部分）

カテゴリ番号	DC 成分差分値	カテゴリのハフマン符号	DC 成分差分値対応付加ビット
0	0	00	なし
1	$-1, 1$	010	0, 1
2	$-3, -2, 2, 3$	011	00, 01, 10, 11
3	$-7 \sim -4, 4 \sim 7$	100	000, 001, 010, 011, 100, 101, 110, 111
4	$-15 \sim -8, 8 \sim 15$	101	$0000 \sim 1111$
5	$-31 \sim -16, 16 \sim 31$	110	$00000 \sim 11111$

カテゴリのハフマン符号からどのカテゴリ番号かはわかるが，複数の DC 成分差分値のどれかはわからない。そこで復号のときにどの DC 成分差分値かがわかるように，DC 成分差分値対応の付加ビットを導入する。カテゴリ番号を n とするとそのカテゴリに含まれる DC 成分差分値の個数は 2^n となるように設定されているので，付加ビット数は n となる。例えば，DC 成分差分値が 7 ならば，カテゴリ番号は 3 だからそれに対応するカテゴリのハフマン符号は表より 100 である。また，対応する付加ビットは 111 である。よって合わせて 100111 がハフマン符号となる。図 1.28 の DC 成分差分値は 30 だから，ハフマン符号は 11011110 となり，8 ビットのビット列となる。

（b） **AC 成分のハフマン符号化**　　AC 成分はブロック間の相関が弱いので，そのブロック内だけで符号化する。まず図 1.29 のようなジグザグスキャンを行って AC 成分を 1 次元化する。例えば図 1.28 のような DCT 係数の場合 AC 成分は 3, 2, 0, 1, 1, 0, 0, -1, 0, 0, … となる。DCT 係数の右下の高周波数成分の部分は 0 が多数出現するので，ジグザグスキャンにより高周波数成分に

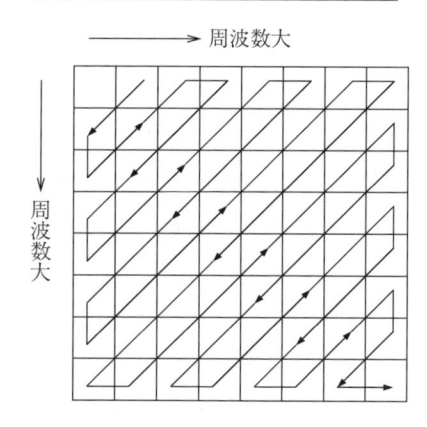

図 1.29　ジグザグスキャン

おいては 0（無効成分，無効係数という）が連続するようになり，この 0 の個数に対してランレングス符号化を行う．連続する 0 の個数に着目するのでゼロランレングス符号化といわれる．

　ゼロランレングスとこれに続く有効成分（0 でない AC 成分）の組を考える．残りすべてがゼロの場合は，それを示す EOB 符号（End Of Block）を付けて，そのブロックの符号の最後であることを示す．図 1.28 の場合，最初はゼロランレングスなしで 3 だから，$(0, 3)$，続いてゼロランレングスなしで 2 だから $(0, 2)$，つぎはゼロランレングス 1，つまりゼロが一つ続いて 1 だから $(1, 1)$，続いてゼロランレングスなしで 1 だから $(0, 1)$，そのつぎは $(2, -1)$，そして EOB となる．よって，$(0, 3)$，$(0, 2)$，$(1, 1)$，$(0, 1)$，$(2, -1)$，EOB となる．

　つぎにゼロランレングスとこれに続く有効成分の各組に対してハフマン符号を割り当てる．AC 成分の絶対値が小さな値ほど出現確率が高いので，AC 成分の絶対値が小さいほど短いハフマン符号が割り当てられる．実際は，このような符号化対象の画像におけるゼロランレングスとこれに続く有効成分の組の出現頻度を計算してハフマン符号表を作成するのではなく，多数のテスト画像を対象に生起確率を調べ，あらかじめ作成された複数種類のハフマン符号表を用いることが多い．表の例の一部を**表 1.5** と**表 1.6** に示す．表 1.5 は AC 成分が 0 でない場合に対応し，AC 成分値対応付加ビットの意味は DC 成分差分値

表 1.5 AC 成分ハフマン符号表（AC 成分値とカテゴリ）の一部（1）

カテゴリ番号	AC 成分値	AC 成分値対応付加ビット
1	$-1, 1$	0, 1
2	$-3, -2, 2, 3$	00, 01, 10, 11
3	$-7 \sim -4, 4 \sim 7$	000, 001, 010, 011, 100, 101, 110, 111
4	$-15 \sim -8, 8 \sim 15$	$0000 \sim 1111$

表 1.6 AC 成分ハフマン符号表の一部（2）

ゼロランレングス	カテゴリ番号	AC 成分ハフマン符号
0	0 (EOB)	1010
0	1	00
0	2	01
0	3	100
⋮	⋮	⋮
1	1	1100
1	2	11011
1	3	1111001
⋮	⋮	⋮
2	1	11100
2	2	11111001
2	3	1111110111
⋮	⋮	⋮

対応付加ビットの意味と同じである．表 1.6 は AC 成分 0 が続く長さ，すなわちゼロランレングスに対応している．これら二つの表を組み合わせて符号化する．これらの表を用いて，前記のゼロランレングスとこれに続く有効成分の組の例 $(0, 3)$, $(0, 2)$, $(1, 1)$, $(0, 1)$, $(2, -1)$, EOB をハフマン符号化してみよう．

まず $(0, 3)$ は AC 成分が 3 だからカテゴリ番号は 2 で，ゼロランレングスが 0 だから対応する AC 成分ハフマン符号は 01 である．また AC 成分 3 の AC 成分値対応付加ビットは 11 である．合わせて $(0, 3)$ のハフマン符号は 0111 となる．つぎの $(0, 2)$ は AC 成分が 2 だからカテゴリ番号は 2 で，ゼロランレングスが 0 だから対応する AC 成分ハフマン符号は 01 である．また

AC 成分 2 の AC 成分値対応付加ビットは 10 である。合わせて (0, 2) のハフマン符号は 0110 となる。つぎの (1, 1) は AC 成分が 1 だからカテゴリ番号は 1 で，ゼロランレングスが 1 だから対応する AC 成分ハフマン符号は 1100 である。また AC 成分 1 の AC 成分値対応付加ビットは 1 である。合わせて (1, 1) のハフマン符号は 11001 となる。つぎの (0, 1) は AC 成分が 1 だからカテゴリ番号は 1 で，ゼロランレングスが 0 だから対応する AC 成分ハフマン符号は 00 である。また AC 成分 1 の AC 成分値対応付加ビットは 1 である。合わせて (0, 1) のハフマン符号は 001 である。つぎの (2, −1) は AC 成分が −1 だからカテゴリ番号は 1 で，ゼロランレングスが 2 だから対応する AC 成分ハフマン符号は 11100 である。また AC 成分 −1 の AC 成分値対応付加ビットは 0 である。合わせて (2, −1) のハフマン符号は 111000 となる。最後の EOB のハフマン符号は 1010 である。

これらすべてを接続し，AC 成分 (0, 3), (0, 2), (1, 1), (0, 1), (2, −1), EOB のハフマン符号は，01110110110010011110001010 という 26 ビットのビット列となる。結果 DC 成分 8 ビット，AC 成分 26 ビットの計 34 ビットで符号化できた。さて，データ圧縮をしない場合の原画像の 1 ブロックの濃度情報量は 8 ビット×64 画素＝512 ビットであったから，原画像のこの最左上の 1 ブロックに関していえば，約 6.64 ％に圧縮された。

JPEG はブロック単位で DCT するため，圧縮率を上げていくとブロック単位で濃度値が均一化されてブロック境界が目立つようになり，画像がモザイク状に見えるようになる。これをブロックノイズという。また圧縮率を上げていくと，高周波数成分の削減が進み，画像内の濃淡の急激な変化に追従できなくなり，エッジの周辺で蚊の群れが飛んでいるように見えるモスキートノイズが現れるようになる。

JPEG の復号は符号化の逆をたどる。ハフマン符号はハフマン符号表を参照して復号され，量子化 DCT 係数が求まる。これに量子化表の値を乗じて，DCT 係数を得る。さらに逆 DCT により画像を復元する。

カラーの場合は RGB 表色系 (3.2.1 項) のような三原色の各濃度値に対し

てJPEG圧縮する方式と，YCrCb表色系（3.2.6項）のような輝度・色差に変換してからJPEG圧縮する方式がある。量子化表，ハフマン符号は色成分，輝度成分，色差成分ごとに異なるものが使用される。

　マルチメディアであるための定義その3として，デジタルとすることによって，各種処理（雑音除去，誤り検出，誤り訂正，圧縮など）が可能になることを説明してきた。

　以上，1章においてはマルチメディアであるための三つの定義，複数のコミュニケーションメディアの内包，対話性，デジタルについて説明してきた。この定義によれば，アナログカラーテレビ放送というメディアは，画像と音という複数のコミュニケーションメディアを内包しているが，対話性に欠け，またデジタルではないので，マルチメディアということはできない。

　以降，本書で扱うメディアの種類は，画像，音，テキストである。これ以外に，触覚，においなどがあり，今後それらに関する技術の発展が予想されるが，現時点では一般に普及していないので本書では言及しない。

　近年，公的機関，企業といった組織はもとより，blogなどにより個人もWeb上に情報発信することが容易になり，それらを対象にした検索処理などの研究開発が進んでいる。そこにおいては，テキストだけでなく，画像が添付されていることが多い。しかも静止画だけでなく動画もあり，動画の場合には音が付いている。また，音声，音楽などの音を含む情報も多々ある。よって，例えば，キーワード検索をするときに画像を含むblog記事のみを得たいというニーズもあり，それに応えるシステムの研究も行われている〔文献10〕。このようなマルチメディア時代の各種処理の効率化，精度向上を図るためには画像，音，テキストすべての処理技術が必須である。

　次章以降，メディア認識の代表的技術であるパターン認識，そして画像メディア，音メディア，テキストメディアの各処理技術について述べていく。

2 パターン認識

本章では各メディアに関する処理の基本である**パターン認識**（pattern recognition）について述べる[†]。パターン認識は，多数のメディアデータから所望のデータを得る，類似しているデータを選択する，メディアデータを認識する，などといった処理のための代表的手法の一つである。認識処理の場合，メディアデータが音声ならば音声認識であり，画像ならば画像認識，文字ならば文字認識である。

2.1 パターン認識とは

パターン認識においては，なんであるかを判定したいパターン（観測パターン，入力パターンという）が，多数の既知のパターンのどれと似ているかを調べ，最も似ているパターン（類似パターン）を選択する。言葉を変えれば，パターン認識とは，観測パターンを既知パターンの一つに対応づける処理手法である。パターンは眼に見えるもの，視覚パターンに限定されないが，パターン認識がそこから始まったといわれる文字を例にとり，説明を始める。

手始めに手書き10進数字の文字認識を例にとってみよう。例えば1と書いたとしよう（**図2.1**左）。これを$4×5$のます目で標本化し（図2.1中央），二値で量子化すると図2.1右のような結果となる。さてこれをどうやって文字1だと認識するのか？ $4×5$の20個のます目で表現できるパターンの種類は真っ白なパターンも入れて$2^{20}=1\,048\,576$となる。そのうちの4種類は例えば**図2.2**のようになる。最も単純な方法は，これら2^{20}のパターンを一つずつ人が

[†] より詳しく知りたい人には文献6)を推薦する。また本章は文献6)を参考にしている。

2.1 パターン認識とは

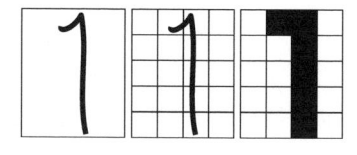

図 2.1 手書き文字 1

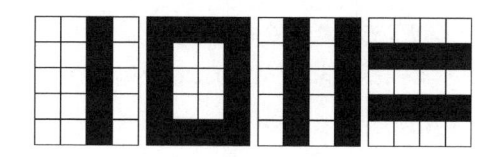

図 2.2 4 種類のパターン

見て，例えば，図 2.2 の一番左は 1，その右隣は 0，その右隣は数字でない，一番右も数字ではない，と全部で 11 種類（数字でないというのも 1 種類であり，リジェクトという）に判定，分類してデータベース化する手法である。そして手書きの数字が入力されたときに，まず 4×5 で標本化し，二値で量子化して入力パターンとする。そして，分類済みのデータベース内のパターンとこの入力パターンを照合すれば，一致するものが必ずある。よって，それを回答，すなわち，手書き数字の認識結果として出力するという手法である。しかし，$2^{20}=1\,048\,576$ 個のパターンを 11 種類に分類する作業は人が一つずつやるしかない。

では，ます目が増えて，**図 2.3** のような 9×9 のます目に書いた手書き英大文字の場合はどうであろうか？

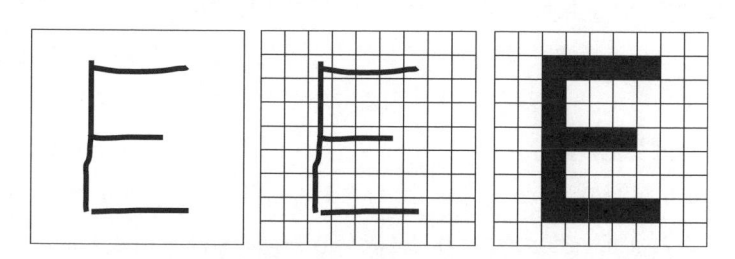

図 2.3 手書き英大文字 E とその標本化，量子化

この場合は全部で 27 種類（英大文字でないというリジェクトを含む）に判定，分類してデータベース化する。9×9 の 81 個のます目で表現できるパターンの種類は $2^{81}=2.41785164\times 10^{24}$ という途方もなく多数であるが，それらを 27 種類に分類する作業は人が一つずつやるしかない。これには天文学的な時間がかかってしまう。さらに漢字を含むような実用的なシステムでは，はるかに細かいます目の標本化を行うから，このような人による手作業分類はおよそ

現実的な手法とはいえない。

　パターン認識は，このような処理を人手に頼らず，コンピュータにおいて効率的に実行するための手法である。パターン認識の手順は**図 2.4**のようである。

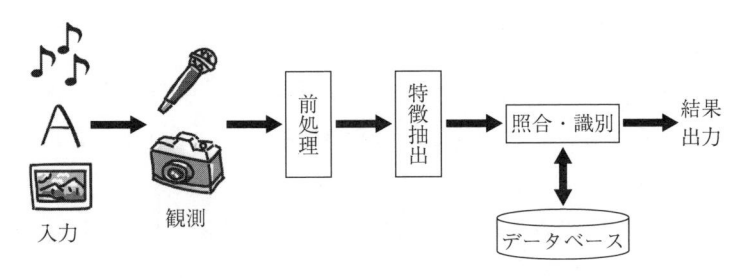

図 2.4　パターン認識の手順

つぎにこの図について説明する。

（**1**）　**前 処 理 部**　　観測された入力パターンの雑音（ノイズ）を除去したり，大きさを調整（正規化）したりする。

（**2**）　**特徴抽出部**　　画像，音などの特徴，前例の手書き数字の場合では数字の特徴を抽出する。この特徴抽出はパターン認識において最も重要な処理である。前例の場合，例えば，各ます目の白と黒をそれぞれ数値 0 と 1 という特徴として抽出しよう。一番左上のます目から右方向に走査していって，一番右下のます目までを 1 次元に並べたものを特徴とすると，図 2.1 の数字 1 のパターンでは，(0, 1, 1, 0, 0, 0, 1, 0, 0, 0, 1, 0, 0, 0, 1, 0, 0, 0, 1, 0) となる。ここで対応する要素（ます目）がたがいに同値であれば 0，そうでなければ 1 という一種の距離を定義すると，図 2.2 の一番左のパターンは (0, 0, 1, 0, 0, 0, 1, 0, 0, 0, 1, 0, 0, 0, 1, 0, 0, 0, 1, 0) だから，図 2.1 のパターンとの距離は 1 となる。そして図 2.2 の左から 2 番目のパターンは (1, 1, 1, 1, 1, 0, 0, 1, 1, 0, 0, 1, 1, 0, 0, 1, 1, 1, 1, 1) だから，距離は 14 となる。図 2.2 の右の残りの二つのパターンとの距離は 14 と 10 となる。この距離定義ではまったく同じパターンの距離はゼロとなる。そして数字 1 と判定されるパターン同士はこの距離がある一

定以下の近傍にまとまった塊を形成すると予想される[†]。

さて，図 2.1 の数字 1 の特徴 (0, 1, 1, 0, 0, 0, 1, 0, 0, 0, 1, 0, 0, 0, 1, 0, 0, 0, 1, 0) は 20 次元のベクトルと考えることができる。よってある手書き数字の特徴ベクトルは

$$\boldsymbol{x} = (x_1, x_2, \cdots, x_{20})^t$$

と表現できる（t は転置を表す）。この例の場合では，各要素 x_i は白なら 0，黒なら 1 である。このベクトルを特徴ベクトル，観測ベクトルといい，このベクトルによって張られる空間を特徴空間，パターン空間という。よって，あるパターンはこの空間内の一点となる。そして例えば数字 1 を表す特徴空間内の各点の相互間距離は近くなり，塊を形成すると予想される。残りの 9 種類の数字も同様であり，数字 0 のパターンの塊，数字 1 のパターンの塊，……，数字 9 のパターンの塊といった具合となる。パターン認識では，この塊のことをクラスあるいはカテゴリと呼ぶ。リジェクトも一つのクラスであり，意味のあるどのパターンのクラスにも属さない場合は，塊の外のリジェクト領域となる。

(3) **照合・識別部**　　抽出された特徴を用いて，データベース（辞書ともいう）内に登録されているパターンと照合し，入力パターンが複数のクラスのどれに属するかを識別し（クラス分けし），そのクラスを結果出力とする。

　どのクラスに属するかの照合・識別は，コンピュータに学習機能をもたせること（機械学習）により実現する。機械学習には，学習するためのパターン（学習パターン）がどのクラスに属するかを教える教師付き学習と，学習パターンに関して事前に所属クラスに関する情報を与えない教師なし学習がある。また，学習パターンの確率分布を表す確率密度関数のパラメータを学習するパラメトリック学習とそうではないノンパラメトリック学習がある（**表 2.1**）。以降，これらの学習法について説明していく。

[†] このような単純な特徴では実際の手書き数字をうまく認識できないが。

表 2.1 パターン認識と学習手法

クラス情報 \ 確率密度関数	パラメトリック学習 (parametric learning)	ノンパラメトリック学習 (nonparametric learning)
教師付き学習 (supervised learning)	ベイズの学習法	1-NN法, パーセプトロン, サポートベクトルマシン
教師なし学習 (unsupervised learning)	ベイズの学習法	階層的クラスタリング, k-means法

2.2 ベイズの学習法

ベイズの定理を用いて確率密度関数のパラメータを学習パターンから推定（パラメータ学習）する**パラメトリック学習**の一手法である。ここで紹介する学習法は教師付きのベイズの学習法である。教師なしのベイズの学習法については文献1)を参照されたい。

クラス ω_i ($i=1,\cdots,c$) に属する各パターン $\boldsymbol{x}$ は c 個の異なる確率密度関数 $p(\boldsymbol{x}|\omega_i)$ によって支配される，すなわち $p(\boldsymbol{x}|\omega_i)$ に基づいて観測されると考える。これは対象としているパターンがクラス ω_i に属しているとき，そのパターン（特徴ベクトル）が $\boldsymbol{x}$ である確率である。そしていま，その確率密度関数がわかっているとしよう。

クラス ω_i の生起確率を $P(\omega_i)$，クラスによらない $\boldsymbol{x}$ の生起確率を $p(\boldsymbol{x})$，$\boldsymbol{x}$ が生起したときにそのクラスが ω_i である確率を $P(\omega_i|\boldsymbol{x})$ とする。$P(\omega_i)$ は事前確率，$P(\omega_i|\boldsymbol{x})$ は事後確率といわれる。ここでつぎの各式が成立する。

$$\sum_{i=1}^{c} P(\omega_i) = 1 \tag{2.1}$$

$$\sum_{i=1}^{c} P(\omega_i|\boldsymbol{x}) = 1 \tag{2.2}$$

$$p(\boldsymbol{x}) = \sum_{i=1}^{c} P(\omega_i) p(\boldsymbol{x}|\omega_i) \tag{2.3}$$

またつぎの**ベイズの定理**（Bayes theorem）が成り立つ。

$$P(\omega_i \mid \boldsymbol{x}) = \frac{p(\boldsymbol{x} \mid \omega_i)}{p(\boldsymbol{x})} P(\omega_i) \tag{2.4}$$

いま，$c=2$，二つのクラス ω_1, ω_2 を考える．ここで

$$P(\omega_1) + P(\omega_2) = 1 \tag{2.5}$$

$$P(\omega_1 \mid \boldsymbol{x}) + P(\omega_2 \mid \boldsymbol{x}) = 1 \tag{2.6}$$

$$p(\boldsymbol{x}) = P(\omega_1) p(\boldsymbol{x} \mid \omega_1) + P(\omega_2) p(\boldsymbol{x} \mid \omega_2) \tag{2.7}$$

であり，ベイズの定理より

$$P(\omega_1 \mid \boldsymbol{x}) = \frac{p(\boldsymbol{x} \mid \omega_1)}{p(\boldsymbol{x})} P(\omega_1) \tag{2.8}$$

$$P(\omega_2 \mid \boldsymbol{x}) = \frac{p(\boldsymbol{x} \mid \omega_2)}{p(\boldsymbol{x})} P(\omega_2) \tag{2.9}$$

が得られる．

例を用いてベイズの定理を直感的に説明する．いま，天気が晴と雪のどちらかであるとする．ある時期のある都市の天気に関して

p(予雪)　：　予報が雪の確率

p(予晴)　：　予報が晴の確率

P(実雪)　：　実際に雪の確率

P(実晴)　：　実際に晴の確率

p(予雪∣実雪)　：　実際に雪のときの予報が雪である確率

p(予晴∣実晴)　：　実際に晴のときの予報が晴である確率

P(実雪∣予雪)　：　予報が雪のときに実際に雪の確率

とする．ある時期のある都市の天気に関する統計調査により，P(実雪)$=0.01$, P(実晴)$=0.99$, p(予雪∣実雪)$=0.95$, p(予晴∣実晴)$=0.93$ がわかっていたとする．p(予雪∣実晴)$=0.07$，また式 (2.7) より

$$p(予雪) = P(実雪) p(予雪 \mid 実雪) + P(実晴) p(予雪 \mid 実晴)$$

だから，予報が雪である確率 p(予雪)$=0.01 \times 0.95 + 0.99 \times 0.07 = 0.0788$ となる．知りたいのは，予報が雪のときに実際に雪である確率 P(実雪∣予雪) である．ベイズの定理を用いれば

$$P(実雪|予雪) = \frac{p(予雪|実雪)P(実雪)}{p(予雪)} = \frac{0.95 \times 0.01}{0.0788} = 0.121$$

のように事後確率 $P(実雪|予雪)$ を求めることができる。

ここで，ある x に対する誤り確率 $P_{error}(x)$ は

$P_{error}(x) = P(\omega_2|x)$　　ω_2 に属する x を ω_1 に属すると判定してしまったとき

$P_{error}(x) = P(\omega_1|x)$　　ω_1 に属する x を ω_2 に属すると判定してしまったとき

となる。例えば x がつねに ω_2 に属するときは ω_1 に属する x を ω_2 に属すると誤って判定してしまうことはないのだから $P_{error}(x) = P(\omega_1|x) = 0$ となる。

この誤り確率を最小にするには，ある x に対して，$P(\omega_1|x) > P(\omega_2|x)$ ならば $x \in \omega_1$，逆ならば $x \in \omega_2$ と識別すればよい。これは $P_{error}(x) = \min\{P(\omega_1|x), P(\omega_2|x)\}$ とすることにより，誤り確率を最小化していることに相当する。そして，これはとりもなおさず，パターン x を識別するときに，事後確率が最大になるように，つまり

$P(\omega_1|x) > P(\omega_2|x)$ ならば x は ω_1 に属する

$P(\omega_1|x) < P(\omega_2|x)$ ならば x は ω_2 に属する

としていることに対応する[†]。つまり $\max\{P(\omega_1|x), P(\omega_2|x)\}$ である。

これは，事後確率を最大化することにより，誤り確率を最小化し，ω_i を識別結果とする判定法であり，**ベイズ決定則**（Bayes decision rule）といわれる。$P(\omega_i|x)$ の大小比較によってパターン x を識別しているので，$P(\omega_i|x)$ は識別のための関数，すなわち識別関数として使用できる。$P(\omega_i|x)$ をベイズ識別関数という。いま，クラスは ω_1 と ω_2 の二つであるから $P(\omega_1|x)$ と $P(\omega_2|x)$ の大小比較でなく，つぎのような識別関数 $g(x)$ の正負を考えてもよい。

$$g(x) = P(\omega_1|x) - P(\omega_2|x) \tag{2.10}$$

この場合，しきい値は 0 であり，$g(x) > 0$ ならば $x \in \omega_1$ すなわちクラス ω_1 に属し，$g(x) < 0$ ならば $x \in \omega_2$ すなわちクラス ω_2 に属すと識別する。ベイズの

[†] $P(\omega_1|x) = P(\omega_2|x)$ となった場合，x は判定不能となる。

定理 (2.8),(2.9) および $p(\boldsymbol{x})$ が共通であることから式 (2.10) を変形すると

$$g(\boldsymbol{x}) = p(\boldsymbol{x} \mid \omega_1) P(\omega_1) - p(\boldsymbol{x} \mid \omega_2) P(\omega_2) \tag{2.11}$$

となり,式 (2.11) の右辺の自然対数をとれば

$$g(\boldsymbol{x}) = \log \frac{p(\boldsymbol{x} \mid \omega_1)}{p(\boldsymbol{x} \mid \omega_2)} + \log \frac{P(\omega_1)}{P(\omega_2)} \tag{2.12}$$

となる。さて,$\boldsymbol{x} = (x_1, x_2, \cdots, x_d)^t$ において x_k の確率的独立を仮定,すなわち各 x_k が値をとる確率は独立であるとすると

$$p(\boldsymbol{x} \mid \omega_i) = p(x_1, \cdots, x_d \mid \omega_i) = p_1(x_1 \mid \omega_i) \cdots p_d(x_d \mid \omega_i)$$

$$= \prod_{k=1}^{d} p_k(x_k \mid \omega_i) \tag{2.13}$$

だから,式 (2.12) は

$$g(\boldsymbol{x}) = \sum_{k=1}^{d} \log \frac{p_k(x_k \mid \omega_1)}{p_k(x_k \mid \omega_2)} + \log \frac{P(\omega_1)}{P(\omega_2)} \tag{2.14}$$

となる。簡単のために,x_k は 0 か 1 の二値をとるものすると

$$p_k(x_k \mid \omega_i) = p_k(0 \mid \omega_i)^{1-x_k} p_k(1 \mid \omega_i)^{x_k} \tag{2.15}$$

と書ける†。ここで

$$w_0 = \sum_{k=1}^{d} \log \frac{p_k(0 \mid \omega_1)}{p_k(0 \mid \omega_2)} + \log \frac{P(\omega_1)}{P(\omega_2)} \tag{2.16}$$

$$w_k = \log \left[\frac{p_k(1 \mid \omega_1) p_k(0 \mid \omega_2)}{p_k(1 \mid \omega_2) p_k(0 \mid \omega_1)} \right] \tag{2.17}$$

とすれば

$$g(\boldsymbol{x}) = w_0 + \sum_{k=1}^{d} w_k x_k \tag{2.18}$$

と書ける。ベクトル表記すれば

$$g(\boldsymbol{x}) = w_0 + \boldsymbol{w}^t \boldsymbol{x} \tag{2.19}$$

となる。$\boldsymbol{w} = (w_1, \cdots, w_d)^t$ であり,$\boldsymbol{w}$ は重みベクトル,w_i は重み係数と呼ばれる。この識別関数は $\boldsymbol{x}$ に関する 1 次式であるから**線形識別関数**と呼ばれる。

さてここで

---

† 式 (2.15) の x_k に 0 あるいは 1 を代入してみれば,この式が成立することが確認できる。

$$X = (1, x_1, \cdots, x_d)^t = \begin{bmatrix} 1 \\ x \end{bmatrix} \tag{2.20}$$

$$W = (w_0, w_1, \cdots, w_d)^t \tag{2.21}$$

という $(d+1)$ 次元ベクトル X, W を導入すると，式 (2.19) は

$$g(x) = W^t X \tag{2.22}$$

と表現できる。これは線形識別関数の一般形であり，定数項を加えた X を拡張特徴ベクトル，W を拡張重みベクトルという[†]。

クラス数を 2 から c に拡張し，クラス ω_i の線形識別関数を $g_i(x)$ とすると

$$g_i(x) = w_{i0} + w_i^t x = W_i^t X \quad (i=1, \cdots, c) \tag{2.23}$$

と書くことができる。W_i はクラス ω_i の拡張重みベクトルである。そして，入力パターン x は最大値をとる関数 $g_i(x)$ に対応するクラス ω_i に属すると判定する。このように $g_i(x)$ の値によりクラスを判定する手法を識別関数法という。

実際のパターン認識において確率密度関数は複雑となり，精度よく近似することは難しい。そのため確率密度関数を想定せずに，学習パターンから識別関数を求めていくノンパラメトリック学習のほうが現実的である。

2.3　1-NN 法

1-NN 法（nearest neighbor method）はノンパラメトリックで教師付き学習によるパターン認識の一手法である。1-NN 法では，各クラスにそのクラスを代表する標準パターン（これをプロトタイプという）を一つ用意する。そして，照合の際に入力パターンと最も類似しているプロトタイプが属するクラスを結果出力とする。入力パターンとプロトタイプが最も類似しているということは，特徴空間内での距離が最も近い（最近傍）ということであり，そのため，このような識別法を最近傍決定則（nearest neighbor rule）といい，NN 法と略記される。距離としてはユークリッド距離が採用されることが多い。ク

[†] X を特徴ベクトル，W を重みベクトルということもある。

ラスを代表するプロトタイプを複数個用意し，入力パターンに最も近い k 個のプロトタイプを選択し，その中の最多数派を占めたクラスを識別結果出力とする手法は k-NN 法と呼ばれ，1-NN 法はその特別な場合である。

クラス2個の2次元特徴ベクトル空間で説明する。ω_1, ω_2 の2個のクラスとそれぞれを代表する2個のプロトタイプ $\boldsymbol{p}_1, \boldsymbol{p}_2$ があるとしよう。入力パターン $\boldsymbol{x}$，プロトタイプ $\boldsymbol{p}_i$ は2次元ベクトルである。

2次元特徴ベクトル空間内の2点 $\boldsymbol{x}=(x_1, x_2)^t$ と $\boldsymbol{p}=(p_1, p_2)^t$ のノルムはそれぞれ $\|\boldsymbol{x}\|=\sqrt{x_1^2+x_2^2}$ と $\|\boldsymbol{p}\|=\sqrt{p_1^2+p_2^2}$，ベクトル空間内のそれら2点間のユークリッド距離は $D(\boldsymbol{x}, \boldsymbol{p})=\|\boldsymbol{x}-\boldsymbol{p}\|=\sqrt{(x_1-p_1)^2+(x_2-p_2)^2}$ となる。そこで，入力パターン $\boldsymbol{x}$ とプロトタイプ $\boldsymbol{p}_i$ との距離である $D(\boldsymbol{x}, \boldsymbol{p}_1)$ と $D(\boldsymbol{x}, \boldsymbol{p}_2)$ とを比べ

$$D(\boldsymbol{x}, \boldsymbol{p}_1) < D(\boldsymbol{x}, \boldsymbol{p}_2) \quad \text{ならば} \quad \boldsymbol{x} \in \omega_1$$

$$D(\boldsymbol{x}, \boldsymbol{p}_1) > D(\boldsymbol{x}, \boldsymbol{p}_2) \quad \text{ならば} \quad \boldsymbol{x} \in \omega_2$$

とする。

つぎにクラスを代表するパターンであるプロトタイプをどのようにして設定するかについて述べる。クラス当り1個のプロトタイプを選ぶ 1-NN 法の場合，最も単純な方法はクラス内の全パターンの重心位置をプロトタイプとする方法である。図 2.5 は x_1, x_2 という2次元特徴ベクトル空間において，二つの

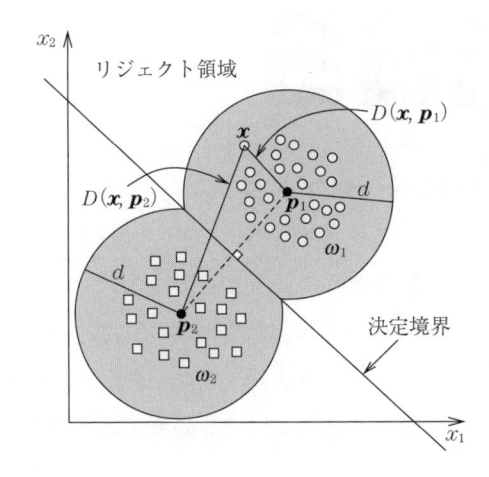

図 2.5　1-NN 法による特徴空間分割

クラス ω_1, ω_2 が存在し，プロトタイプ $\boldsymbol{p}_1, \boldsymbol{p}_2$ をクラス ω_1, ω_2 それぞれに属するパターンの重心位置とした例である．図 2.5 において，二つのプロトタイプを結ぶ直線の垂直二等分線は，これによって全パターンが二つのクラスに分離できる境界線となっている．このようなクラスを分離する境界を決定境界あるいは分離境界という．図は 2 次元であるので決定境界は直線であるが，多次元空間では超平面となる．またリジェクト領域はプロトタイプからの距離がある一定値以上の領域である．図 2.5 において重心位置にあるプロトタイプからの半径 d の円の外はリジェクト領域となっている．

クラスの個数を c，すなわち ω_i ($i=1, \cdots, c$) に拡張する．ここでクラス ω_i を代表する 1 個のプロトタイプを $\boldsymbol{p}_i$（次元は任意）とすると，この場合の 1-NN 法は，入力パターン $\boldsymbol{x}$ に対して

$$\min_{i=1,\cdots,c} \{D(\boldsymbol{x}, \boldsymbol{p}_i)\} = D(\boldsymbol{x}, \boldsymbol{p}_j) \quad \Rightarrow \quad \boldsymbol{x} \in \omega_j$$

と定式化できる．

図 2.1 の手書き数字のプロトタイプの一例を**図 2.6** に示す．入力パターンの対象としては，音，画像など各種のメディアが対象となる．

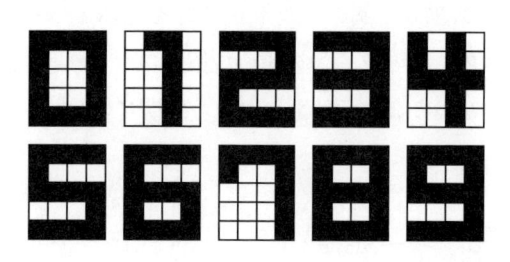

図 2.6 手書き数字プロトタイプ例

2.4 単純パーセプトロン

さて，図 2.5 のようにプロトタイプを重心にとって適切にクラス分離できる場合もあるが，図 2.7 のように重心では適切にクラス分離できない場合もある．クラス分離できない場合は，なんらかの方法で，プロトタイプの位置を移動し，垂直二等分線によりクラス分離できるようにする必要がある（図 2.8）．

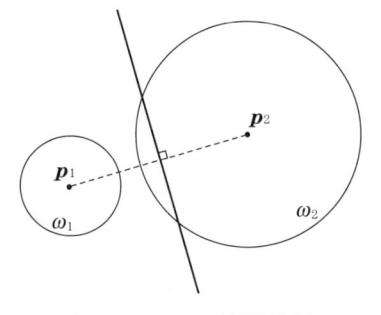

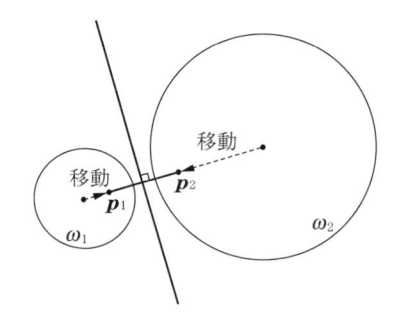

図 2.7 クラス分離失敗例 図 2.8 プロトタイプ移動

この処理，すなわちプロトタイプの移動処理の自動化を可能にするのが学習である．本節では，線形識別関数の代表例である**単純パーセプトロン**という学習法による線形分離を紹介する．パーセプトロン（perceptron）は 1958 年に米国のフランク・ローゼンブラット（Frank Rosenblatt）により提唱された学習モデルであり，線形識別関数を用いたパターン認識機構である〔文献 4)〕．

2.4.1 識別関数による最大値選択

簡単のために，クラスは ω_1 と ω_2 の二つ，入力パターンの特徴ベクトルを d 次元，二つのクラス ω_1 と ω_2 それぞれの線形識別関数を $g_1(\boldsymbol{x})$，$g_2(\boldsymbol{x})$ とする．値の大小を比較するのではなく，ベイズの学習法の説明と同様に，差をとった識別関数 $g(\boldsymbol{x}) = g_1(\boldsymbol{x}) - g_2(\boldsymbol{x})$ の正負を考える．正ならば $g_1(\boldsymbol{x}) > g_2(\boldsymbol{x})$ だから $\boldsymbol{x} \in \omega_1$，負ならば $g_1(\boldsymbol{x}) < g_2(\boldsymbol{x})$ だから $\boldsymbol{x} \in \omega_2$ である．この識別関数に拡張重みベクトルを用いた線形識別関数 $g(\boldsymbol{x}) = \sum_{i=0}^{d} w_i x_i$ $(x_0 \equiv 1)$ を採用する．

単純パーセプトロンは三層から構成される（**図 2.9**）．それぞれ S（Sensory：感覚）層，A（Association：連想）層，R（Response：反応）層と呼ばれ，図 2.9 の○はユニットと呼ばれる．

同じ層内のユニット間の結合はなく，異なる層間の結合は，S → A → R の一方向であり，A → R の結合が学習に関与する．図 2.9 の例においては，S 層への入力はそのまま A 層へ結合されているが，S 層の各ユニットからの複

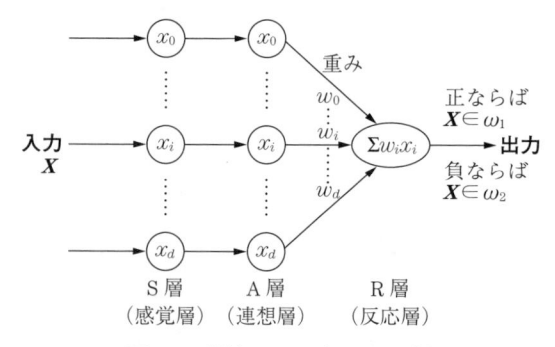

図2.9 単純パーセプトロンの例

数の出力が A 層のユニットに固定的に結合されていてもよい。A 層からの出力は重み係数 w_i がかけられ R 層内の1個のユニットに入る。A 層から R 層への結合の重みは固定ではなく，結合の重み係数 w_i は可変である。R 層内ユニットでは A 層からの入力の総和がとられる。この総和は $g(\boldsymbol{x}) = \sum_{i=0}^{d} w_i x_i$ という識別関数の値となっており，この例ではそれの正負に基づいて識別結果としての出力値が決定される。単純パーセプトロンは線形識別関数によりパターン認識を行い，その結果に基づき重み係数 w_i を変化させる，すなわち学習するという機能をもつ。

クラス数を2から c に拡張する。このとき，クラス ω_i の線形識別関数 $g_i(\boldsymbol{x})$ は，式 (2.23) のように $g_i(\boldsymbol{x}) = w_{i0} + \boldsymbol{w}_i^t \boldsymbol{x} = \boldsymbol{W}_i^t \boldsymbol{X}$ $(i=1,\cdots,c)$ と表現できた。$\boldsymbol{W}_i$ はクラス ω_i の拡張重みベクトルである。このような $g_i(\boldsymbol{x})$ の中から最大値を選択することによってパターン $\boldsymbol{x}$ の識別を行うパーセプトロンは図 2.10 のようになる。

単純パーセプトロンなどの線形識別関数を用いたパターン認識においては，データベースに重み係数が格納されており，識別部において各 $g_i(\boldsymbol{x})$ の計算と最大値がどれであるかの判定を行い，入力 $\boldsymbol{X} = (1, x_1, x_2, \cdots, x_d)$ が属するクラス ω_k が出力される。

さてここで各クラス ω_i $(i=1,\cdots,c)$ のプロトタイプは一つで，それぞれ d 次元ベクトル $\boldsymbol{p}_i$ $(i=1,\cdots,c)$ としよう。識別したい入力パターン（特徴ベク

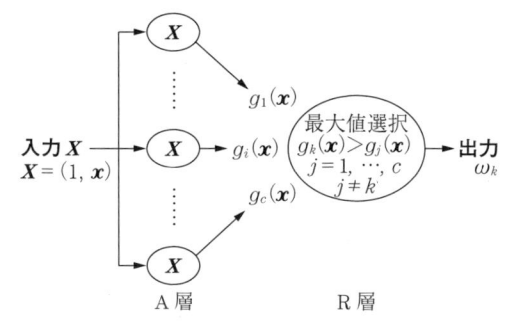

図 2.10 識別関数による最大値選択

トル) $\bm{x}=(x_1, x_2, \cdots, x_d)$ とクラス ω_i のプロトタイプ $\bm{p}_i$ との距離 $\|\bm{x}-\bm{p}_i\|$ の 2 乗は $\|\bm{x}-\bm{p}_i\|^2=\|\bm{x}\|^2-2\bm{p}_i^t\bm{x}+\|\bm{p}_i\|^2=\|\bm{x}\|^2-2(\bm{p}_i^t\bm{x}-\|\bm{p}_i\|^2/2)$ である。各 i に関して $\|\bm{x}\|^2$ は共通だから，$\bm{x}$ との距離が最小の $\bm{p}_i$ を選択するということは，$\bm{p}_i^t\bm{x}-\|\bm{p}_i\|^2/2$ を最大にする $\bm{p}_i$ を選択することと同等である。すなわちクラス ω_i の線形識別関数 $g_i(\bm{x})=\bm{p}_i^t\bm{x}-\|\bm{p}_i\|^2/2$ とすれば

$$\max_{i=1,\cdots,c}\{g_i(\bm{x})\}=g_k(\bm{x}) \quad \Rightarrow \quad \bm{x}\in\omega_k$$

という最大値選択となる。1-NN 法において，$D(\bm{x}, \bm{p}_i)$ の最小値を求める代わりに関数 $\bm{p}_i^t\bm{x}-\|\bm{p}_i\|^2/2$ の最大値を求めることとすれば，これはクラス ω_i の線形識別関数の一般形である $g_i(\bm{x})=w_{i0}+\bm{w}_i^t\bm{x}$ において，$w_{i0}=-\|\bm{p}_i\|^2/2$，$\bm{w}_i=\bm{p}_i$ としたことに相当し，1-NN 法が線形識別関数による識別法であることがわかる。

2.4.2　学習による重みの決定

それでは重みベクトルはどうやって決定するのか？ これは学習によって求める。学習するためには学習パターン（学習データ，訓練データともいう）が必要である。学習パターン全体を集合 S，クラス数を c，クラス ω_i に属する学習パターンの集合を S_i とする。$S=\bigcup_{i=1,\cdots,c} S_i$ である。単純パーセプトロンによる学習とは S_i に属するすべてのパターン $\bm{x}$ に対して

$$g_i(\bm{x})>g_j(\bm{x}) \quad (j=1,\cdots,c,\ \text{かつ}\ j\neq i)$$

が成立する拡張重みベクトル W_i ($i=1,\cdots,c$) を求めることである。このような重みベクトルが少なくとも一つ存在するとき,学習パターン全体集合 S は線形分離可能であり,$g_i(\boldsymbol{x})=g_j(\boldsymbol{x})$ はクラス ω_i と ω_j との決定境界(分離境界)となっている。

では,具体的にどのようにしてそのような重みベクトルを求めるのか,すなわち学習するのかということについて述べる。簡単のために,クラスは ω_1 と ω_2 の二つで,特徴ベクトル空間の次元 d は1としよう。このとき拡張重みベクトルは2次元となり,二つの識別関数 $g_1(\boldsymbol{x})$,$g_2(\boldsymbol{x})$ の値の大小を比較するのではなく識別関数 $g(\boldsymbol{x})=g_1(\boldsymbol{x})-g_2(\boldsymbol{x})$ の正負,すなわち一つの識別関数 $g(\boldsymbol{x})=(W_1-W_2)^t X = W^t X$ の正負を調べることにする。W の形成する空間を2次元重み空間といい,W は原点からその重み係数を座標値とする点へのベクトルである。$W^t X=0$ は二つのクラス ω_1 と ω_2 の決定境界であり,重み空間内の原点を通る超平面となる。いま,重み空間の次元は2だから $W^t X=0$ は直線となり,$W^t X=0$ と X は直交する(図 2.11)。

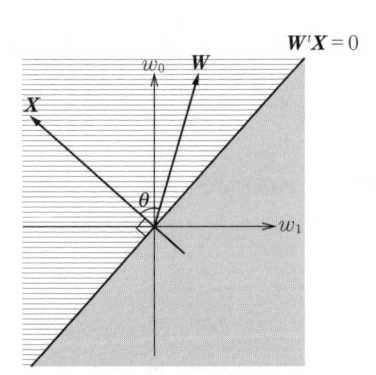

図 2.11 入力と重み

$W^t X$ の正負を調べることは,つぎのように,ベクトル W とベクトル X の内積の正負を調べることと同等である。

$$W^t X = \|W\| \cdot \|X\| \cos\theta \tag{2.24}$$

この式(2.24)より,$W^t X$ の正負はベクトル W とベクトル X のなす角 θ によって決まる。$\cos\theta$ は,$-90°<\theta<90°$ で正,$-90°$ と $90°$ でゼロ,それ以

外で負となる。よって，図 2.11 の横線領域内に拡張重みベクトル W があれば $g(\boldsymbol{x})$ は正，グレー領域内に拡張重みベクトル W があれば $g(\boldsymbol{x})$ は負となる。

この場合，学習は

S_1 に属するすべての $\boldsymbol{x}$ に対して $g(\boldsymbol{x}) = \boldsymbol{W}^t \boldsymbol{X} > 0$

S_2 に属するすべての $\boldsymbol{x}$ に対して $g(\boldsymbol{x}) = \boldsymbol{W}^t \boldsymbol{X} < 0$

を満足する W を求めることとなる。

2.4.3 パーセプトロンの収束定理

1 次元特徴空間，よって直線上に二つのクラス ω_1 と ω_2 の学習パターンが図 2.12 のように配置されているとする〔文献 6)〕。

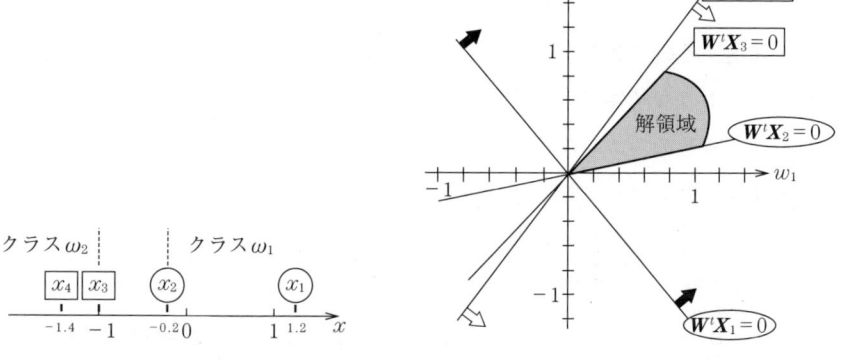

図 2.12 1 次元特徴空間における学習パターン

図 2.13 解 領 域

特徴空間は 1 次元だから，拡張重みベクトル W は 2 次元となり，重み係数は w_0, w_1 となる。学習パターン数は 4 個であり，クラス ω_1 に 2 個，ω_2 に 2 個，それぞれ所属している。図 2.12 から明らかなように x の値 -1.0 と -0.2 の間にこれら二つのクラスの決定境界があるから，線形分離可能である。

横軸を w_1，縦軸を w_0 とし，w_0 と w_1 とで張られる 2 次元の重み空間を考えてみる（**図 2.13**）。

$\boldsymbol{W} = (w_1, w_0)$，$\boldsymbol{X}_i = (x_i, 1)$ であり，$\boldsymbol{W}^t \boldsymbol{X}_i = 0$ は重み空間内の超平面（この

場合は2次元なので直線）となる（図2.13）。まず図2.12のx_4をとる。$X_4=(-1.4, 1)$，$W^t X_4=-1.4w_1+w_0$である。学習パターンx_4はクラスω_2に属するから$-1.4w_1+w_0<0$，すなわちWは$w_0<1.4w_1$の領域になければならない。この領域は$w_0=1.4w_1$の矢印⇨の側の領域である。一方，学習パターンx_1に関しては$X_1=(1.2, 1)$，$W^t X_1=1.2w_1+w_0$である。学習パターンx_1はクラスω_1に属するから$1.2w_1+w_0>0$，すなわちWは$w_0>-1.2w_1$の領域になければならない。この領域は直線$w_0=-1.2w_1$の矢印➡の側の領域である。各学習パターンに対応する直線$W^t X_i=0$は図2.13のようであるから，全4個のすべての学習パターンに対して同様の操作を適用すると，Wは図2.13のグレー領域内に存在する必要がある。この存在範囲を解領域という。言葉を変えれば，学習とは解領域に収束するWを求めることである。

では，どうやって解領域に収束するWを決定するのか，すなわち解にどうやって到達するのであろうか，それについて述べる。なお線形分離可能であることとこのような解領域が存在することは等価である。

線形識別関数の重みを学習によって決定する手法として有名なパーセプトロンアルゴリズムについてその手順を述べる。

手順1　拡張重みベクトルWの初期値を設定する。

手順2　学習パターン集合Sの中から学習パターンを一つ選択する。

手順3　$W^t X_i$により識別する。識別に失敗した場合（誤識別），つぎのようにWを修正し，新たな拡張重みベクトルW'を求める。正定数であるρは学習係数と呼ばれる。

　　　　　クラスω_1に属すパターンをω_2と誤識別した場合：$W'=W+\rho\cdot X$
　　　　　クラスω_2に属すパターンをω_1と誤識別した場合：$W'=W-\rho\cdot X$
　　　よって，識別に成功したときは重みベクトルはそのまま，つまり$W'=W$である。

手順4　上記の手順2と3を全学習パターンに対して繰り返す。

手順5　全学習パターンを正しく識別できたら終了である。誤識別があるときは上記の手順2に戻り，手順2〜5を繰り返す。

手順3について詳しく述べる[†]。クラス ω_1 に属する学習パターン x（拡張特徴ベクトル X）を ω_2 に属すると誤識別したという例を用いる。図 2.14 において，横線領域にあるべき拡張重みベクトル W がグレー領域にあるため，ベクトル W と X の間の角度 θ が $-90°<\theta<90°$ の外にあり，$\cos\theta<0$ であるため正になるべき W^tX が負になってしまった。そこで，これを正にするために $W+\rho\cdot X$ というベクトル W とベクトル $\rho\cdot X$ の加算を行い，結果を W' とする。新たな W' と X のなす角 θ の $\cos\theta$ は正となる。

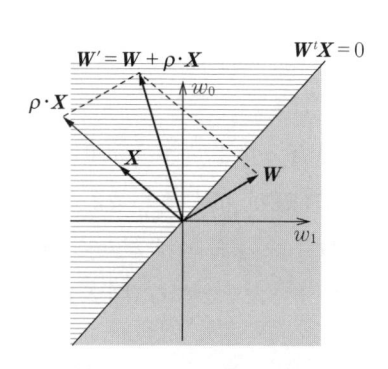

図 2.14　重みの修正

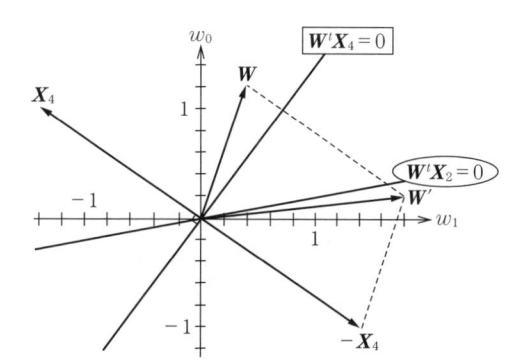

図 2.15　重み移動 $W'=W-X_4$

よって，$W'^tX>0$ となり，X はクラス ω_1 に属するという正しい識別をしている。ρ が適切な値ならば，図 2.14 のように1回の修正で W^tX の正負を反転できるが，ρ が小さい場合は小刻みな修正を繰り返す必要がある。また ρ が大き過ぎると解領域を飛び越えてしまう。

それでは，実際に図 2.12 の学習パターンに手順を適用してみよう（**図 2.15**）。

手順1　拡張重みベクトル W の初期値を適当に，例えば $W=(0.4, 1.2)$ に設定する。

手順2　学習パターン集合 S の中からクラス ω_2 に属する学習パターン x_4 を選択する。

手順3　$X_4=(-1.4, 1)$ だから $W^tX_4=0.4\times(-1.4)+1.2=0.64>0$ であり，クラス ω_2 に属すパターンを ω_1 と誤識別してしまった。そこ

[†] 重みの修正に関しては文献2)に詳しい説明がある。

で，重みを $W'=W-\rho\cdot X$ により修正する。いま $\rho=1$ とする。$W'=W-X_4=(0.4-(-1.4),\ 1.2-1)=(1.8, 0.2)$ となる。

以降，繰返しの手順2と3について述べる。

手順2　学習パターン集合 S の中からクラス ω_2 に属する学習パターン x_3 を選択する。

手順3　$X_3=(-1, 1)$ だから $W^t X_3=1.8\times(-1)+0.2=-1.6<0$ であり，正しくクラス ω_2 に属すと識別した。よって重み W はそのままでよい。

手順2　学習パターン集合 S の中からクラス ω_1 に属する学習パターン x_2 を選択する。

手順3　$X_2=(-0.2, 1)$ だから $W^t X_2=1.8\times(-0.2)+0.2=-0.16<0$ であり，クラス ω_1 に属すパターンを ω_2 と誤識別してしまった。そこで，重みを $W'=W+\rho\cdot X$ により修正する。いま $\rho=1$ だから $W'=W+X_2=(1.8+(-0.2),\ 0.2+1)=(1.6, 1.2)$ となる（図2.16）。

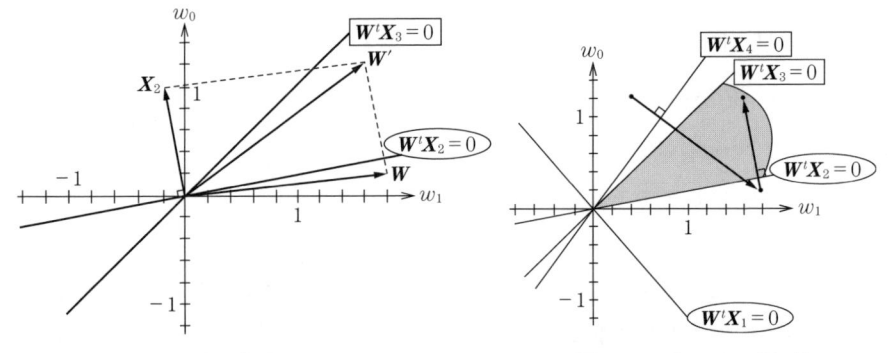

図2.16　重み移動 $W'=W+X_2$　　　　図2.17　重みの収束

手順2　学習パターン集合 S の中からクラス ω_1 に属する学習パターン x_1 を選択する。

手順3　$X_1=(1.2, 1)$ だから $W^t X_1=1.6\times1.2+1.2=3.12>0$ であり，正しくクラス ω_1 に属すと識別した。よって重み W はそのままでよい。

この重み W は全学習パターンを正しく識別できているからこれ

で終了である.図 2.17 に重み W が解領域に収束するようすを示した.

ρ が小さい場合は小刻みな修正を繰り返す必要がある.また ρ が大き過ぎると解領域を挟んで振動するので繰返し回数が増加する.ただし ρ の値の大小によらず,線形分離可能であれば,この手順により有限回の修正の後,重みを決定することができる.これが**パーセプトロンの収束定理**(perceptron convergence theorem)である.

一方,図 2.18 のような二つのクラス ω_1 と ω_2 の学習パターンの分布は線形分離不可能である.このような場合に対応する手法として,次節でサポートベクトルマシンについて述べる.

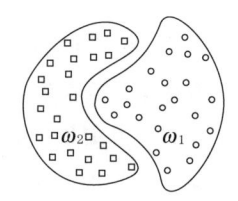

図 2.18　線形分離不可能例

2.5　サポートベクトルマシン

サポートベクトルマシン(support vector machine,**SVM**)はブラドミーァ・ヴァプニク[†1](Vladimir Vapnik)らにより提案,発展した学習手法,パターン認識手法であり,二つのクラスの識別を行う〔文献 5〕.

2.5.1　線形分離可能

図 2.19 のように二つのクラスの属する学習パターン□と○が 2 次元空間内に分布しているとする.この例の学習パターン集合は線形分離可能であるが分離超平面[†2]は一意には定まらない.図 2.19 においては 2 種類の分離超平面

[†1]　ウラジミール・ヴァプニクという表記も見受けられる.
[†2]　SVM では通例,決定境界を分離超平面という.それに従い,以降,本節では分離超平面という用語を使用する.

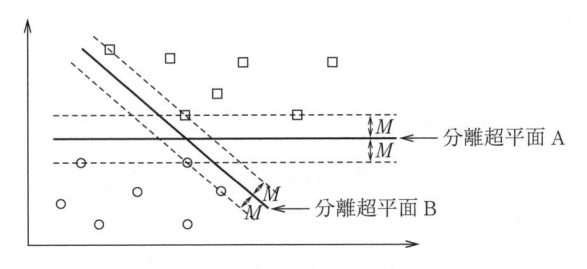

図 2.19 分離超平面とマージン

(図では直線) A と B が考えられる．さて，分離超平面からの間に学習パターンが一つも存在しない超平面（図の点線）を二つのクラスそれぞれに関して考える．分離超平面から二つの超平面までの距離は等距離に設定されており，その距離 M をマージンという．

一言でいえば，SVM は最大のマージンを有する分離超平面を求める，すなわちマージンを最大にする重みベクトルを求めることにより，汎化能力[†]の高い識別を目指す手法である．図 2.19 においては，分離超平面 A のマージン M のほうが大きいので，SVM では分離超平面 A が選択される．

ここで線形識別関数を $g(\boldsymbol{x}) = \boldsymbol{w}^t \boldsymbol{x} + b$ とする．$\boldsymbol{w}$ は重みベクトルであり，b はバイアス項と呼ばれる．いま，二つのクラスをそれぞれ ω_1, ω_2 とすると，学習パターン $\boldsymbol{x}_i$ に対して

$$\left. \begin{array}{ll} g(\boldsymbol{x}_i) \geq 1 & \text{ならば} \quad \boldsymbol{x}_i \in \omega_1 \\ g(\boldsymbol{x}_i) \leq -1 & \text{ならば} \quad \boldsymbol{x}_i \in \omega_2 \end{array} \right\} \quad (2.25)$$

となるように $g(\boldsymbol{x})$ を決定することを考える．$g(\boldsymbol{x}) = 0$ は分離超平面である．分離超平面上のベクトルを $\boldsymbol{x}_M$ とすると，$|g(\boldsymbol{x}_i)| = |g(\boldsymbol{x}_i) - g(\boldsymbol{x}_M)| = |\boldsymbol{w}^t(\boldsymbol{x}_i - \boldsymbol{x}_M)|$ だから，学習パターン $\boldsymbol{x}_i$ と分離超平面との距離は，$|g(\boldsymbol{x}_i)|/\|\boldsymbol{w}\|$ である．式 (2.25) より $|g(\boldsymbol{x}_i)| \geq 1$ であるから，学習パターンは分離超平面から距離 $1/\|\boldsymbol{w}\|$ 以内には存在しない．よってマージン最大の分離超平面は $1/\|\boldsymbol{w}\|$ を最大にする．さて，ここで

[†] 学習パターンに使用しなかった未知の入力パターンをどの程度分離できるかという能力を識別器の汎化能力という．

$$y_i = \begin{cases} 1 & (\boldsymbol{x}_i \in \omega_1) \\ -1 & (\boldsymbol{x}_i \in \omega_2) \end{cases} \tag{2.26}$$

とすると，式 (2.25) は

$$y_i(\boldsymbol{w}^t\boldsymbol{x}_i + b) - 1 \geq 0 \tag{2.27}$$

となり，マージン最大化はこの条件の下で $1/\|\boldsymbol{w}\|$ の最大化，すなわち $\|\boldsymbol{w}\|$ を最小化する問題に帰着する．通常，$\|\boldsymbol{w}\|^2/2$ の最小化を考える．この問題の解法として，ラグランジュの未定乗数法を用いる．

学習パターン数を n とする．$\boldsymbol{\alpha}$ を $\boldsymbol{x}_i$ に対応するラグランジュ未定乗数 α_i：$\alpha_i \geq 0$ $(i=1, \cdots, n)$ を要素とするベクトルとすると，ラグランジュ関数はつぎのようになる．

$$L(\boldsymbol{w}, b, \boldsymbol{\alpha}) = \frac{1}{2}\|\boldsymbol{w}\|^2 - \sum_{i=1}^{n} \alpha_i \{y_i(\boldsymbol{w}^t\boldsymbol{x}_i + b) - 1\} \tag{2.28}$$

この L を重みベクトル $\boldsymbol{w}$ に関して最小化し，未定乗数 $\alpha_i \geq 0$ に関して最大化する．そのため，この式を $\boldsymbol{w}$ と b で偏微分し，0 とおくと

$$\boldsymbol{w} = \sum_{i=1}^{n} \alpha_i y_i \boldsymbol{x}_i \tag{2.29}$$

$$\sum_{i=1}^{n} \alpha_i y_i = 0 \tag{2.30}$$

が得られる．式 (2.29) より $\boldsymbol{\alpha}$ が求まれば $\boldsymbol{w}$ が求まることがわかる．

さて，$\boldsymbol{\alpha}$ を求めるために式 (2.29)，(2.30) を用いて式 (2.28) を変形する．

$$L(\boldsymbol{\alpha}) = \frac{\|\boldsymbol{w}\|^2}{2} - \sum_{i=1}^{n} \alpha_i y_i \boldsymbol{w}^t \boldsymbol{x}_i - \sum_{i=1}^{n} \alpha_i y_i b + \sum_{i=1}^{n} \alpha_i$$

$$= \frac{\|\boldsymbol{w}\|^2}{2} - \boldsymbol{w}^t \sum_{i=1}^{n} \alpha_i y_i \boldsymbol{x}_i - b \sum_{i=1}^{n} \alpha_i y_i + \sum_{i=1}^{n} \alpha_i$$

$$= \frac{\|\boldsymbol{w}\|^2}{2} - \boldsymbol{w}^t \boldsymbol{w} - 0 + \sum_{i=1}^{n} \alpha_i = -\frac{\|\boldsymbol{w}^2\|}{2} + \sum_{i=1}^{n} \alpha_i$$

さらに式 (2.29) を用いれば，次式が得られる．

$$L(\boldsymbol{\alpha}) = \sum_{i=1}^{n} \alpha_i - \frac{1}{2}\sum_{i,j}^{n} \alpha_i \alpha_j y_i y_j \boldsymbol{x}_j^t \boldsymbol{x}_i \tag{2.31}$$

よって，学習パターン $\boldsymbol{x}_i$ が与えられたとき，つぎの制約条件の下で，$\boldsymbol{\alpha}$ のみ

に関して式 (2.31) の L を最大化する問題に置き換えられた。

制約条件 $\sum_{i=1}^{n} a_i y_i = 0$

未定乗数 $a_i \geq 0$ $(i=1, \cdots, n)$

この解法としては，2次計画法をはじめとする各種の手法が提案されている。式 (2.31) を最大化する $\boldsymbol{a}$ が求まれば式 (2.29) より $\boldsymbol{w}$ が求まる。

式 (2.31) より，$a_i=0$ の学習パターン $\boldsymbol{x}_i$ は重みベクトル $\boldsymbol{w}$ の決定，言葉を変えれば，分離超平面の決定に寄与していないことがわかる。寄与しているのは $a_i>0$ の学習パターンのみである。すなわち $a_i>0$ の学習パターン（ベクトル）のみの貢献により重みベクトル $\boldsymbol{w}$ が決定される。そのため $a_i>0$ の学習パターンはサポートベクトルと呼ばれる。L が最大化されると，サポートベクトルは分離超平面からの距離が最大マージンの学習パターンとなる。図 2.20 における■，●がサポートベクトルである。

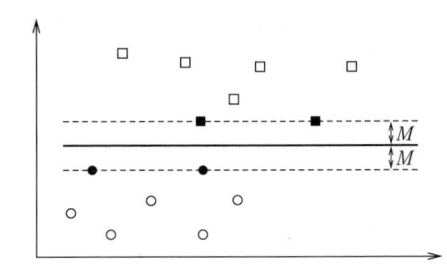

図 2.20 サポートベクトル

$\boldsymbol{x}_s$ をサポートベクトルとすると，$\boldsymbol{w}^t \boldsymbol{x}_s + b = 1/y_i$，$|g(\boldsymbol{w}_s)|=1$ だから，$\boldsymbol{x}_{\omega_1}$ と $\boldsymbol{x}_{\omega_2}$ をクラス ω_1 と ω_2 に属するサポートベクトルとすれば

$b = 1 - \boldsymbol{w}^t \boldsymbol{x}_{\omega_1}$

$b = -1 - \boldsymbol{w}^t \boldsymbol{x}_{\omega_2}$

だから，例えば，$b = -(\boldsymbol{w}^t \boldsymbol{x}_{\omega_1} + \boldsymbol{w}^t \boldsymbol{x}_{\omega_2})/2$ とすることによって b は求まる。以上の議論は学習パターンが線形分離可能な場合であった。

2.5.2 線形分離不可能

学習パターンを線形分離できない場合，SVM においては，パターンを非線

形写像関数によって高次元空間へ写像し，ここでマージン最大となるような，二つのクラスのパターンを分離できる超平面を求める。

図 2.21 のような学習パターンの 2 次元分布があったとしよう。ここでは○と□の二つのクラスの学習パターンが分布しているが，このままでは超平面（直線）による線形分離ができない。そこで高次元空間への非線形写像を行い，高次元空間において線形学習を行うことを考える〔文献 3)〕。

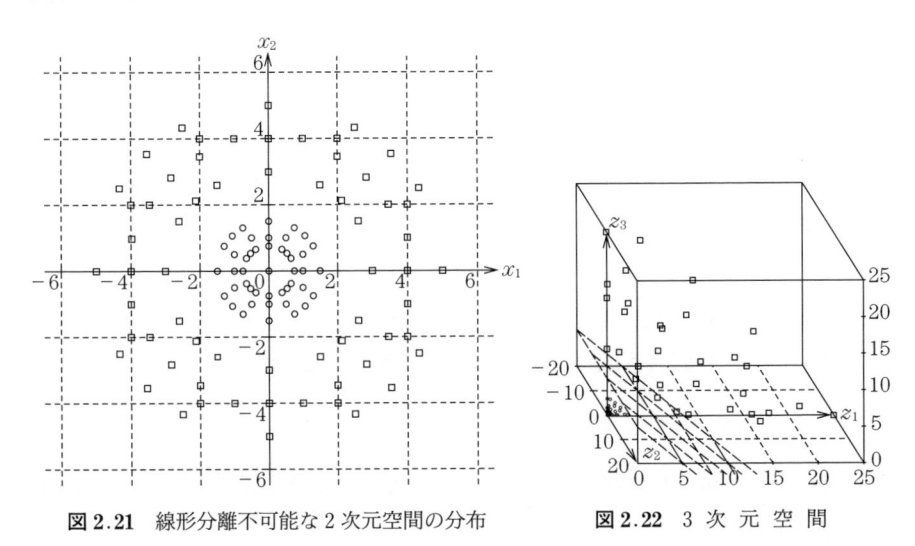

図 2.21　線形分離不可能な 2 次元空間の分布　　**図 2.22**　3 次 元 空 間

2 次元特徴空間のベクトル $\boldsymbol{x}$ を 3 次元空間に変換する非線形写像関数 $\boldsymbol{\varphi}(\boldsymbol{x})$ を考える。図 2.21 の各パターン $\boldsymbol{x} = (x_1, x_2)$ に対して，つぎのような 3 次元空間 (z_1, z_2, z_3) への非線形写像関数 $\boldsymbol{\varphi}(\boldsymbol{x})$ を施す。

$$\boldsymbol{\varphi}(\boldsymbol{x}) = (z_1, z_2, z_3)^t = (\varphi_1(\boldsymbol{x}), \varphi_2(\boldsymbol{x}), \varphi_3(\boldsymbol{x}))^t$$

$$\varphi_1(\boldsymbol{x}) = x_1^2, \quad \varphi_2(\boldsymbol{x}) = \sqrt{2}\, x_1 x_2, \quad \varphi_3(\boldsymbol{x}) = x_2^2$$

例えば，2 次元空間内で座標 $(2, 4)$ というパターン□は，3 次元空間内の座標 $(4, 8\sqrt{2}, 16)$ というパターン□に写像される。その結果，写像先の 3 次元空間におけるパターンの分布は**図 2.22** のようになり，超平面で分離すること，すなわち線形分離可能となる。

これは，ある次元の空間を，より高次の空間へ非線形写像し，その高次元空

間において線形識別することにより，もとの低次元空間における非線形識別を可能にする手法である。この例は単純であるが，実際の問題においては，高次元空間の次元数はきわめて大きくなってしまい，写像の計算量，メモリ量が膨大になってしまう。それに対処する手法がつぎに述べるカーネル法である。

2.5.3 カーネル法

線形分離不可能に対応する手法の一つである**カーネル法**（kernel method）においては，非線形写像関数の代替としてカーネル関数を用いて非線形対応する。

ベクトル x を c 次元特徴空間に写像する非線形写像関数 $\varphi(x)$ を

$$\varphi(x) = (\varphi_1(x), \cdots, \varphi_c(x))^t \tag{2.32}$$

とする。要素 $\varphi_i(x)$ の値はスカラである。式 (2.27) は

$$y_i(w^t \varphi(x_i) + b) - 1 \geq 0 \tag{2.33}$$

となり，また，非線形写像変換された重みベクトル w は

$$w = \sum_{i=1}^{n} a_i y_i \varphi(x_i) \tag{2.34}$$

となり，やはり $a_i = 0$ は重みベクトルに寄与しない。そして非線形写像変換後の式 (2.31) は

$$L(a) = \sum_{i=1}^{n} a_i - \frac{1}{2} \sum_{i,j}^{n} a_i a_j y_i y_j \varphi(x_i)^t \varphi(x_j) \tag{2.35}$$

となる。

$\varphi(x_i)^t \varphi(x_j)$ は高次元特徴空間上での二つのパターン x_i, x_j の内積であり，高次元ベクトル演算となり，計算量，メモリ量が膨大となる。そこでカーネル関数 $K(x_i, x_j)$ が導入される。カーネル関数を使用することにより，非線形写像関数を求めずに，すなわちどのような写像が行われているか知ることなく，カーネル関数の計算のみで解を求めることができることから，**カーネルトリック**といわれる。

カーネル関数と非線形写像関数との関係は

$$K(\boldsymbol{x}_i, \boldsymbol{x}_j) = \boldsymbol{\varphi}(\boldsymbol{x}_i)^t \boldsymbol{\varphi}(\boldsymbol{x}_j) \tag{2.36}$$

である。式 (2.36) は，カーネル関数の値が写像された高次元空間での距離 $\boldsymbol{\varphi}(\boldsymbol{x}_i)^t \boldsymbol{\varphi}(\boldsymbol{x}_j)$ に相当することを示している。よって，マージンをカーネル関数により計算し，その結果を基にマージンを最大化する分離超平面を求めれば，それはもとの低次元の空間における非線形な境界面となる。式 (2.35) に $\boldsymbol{\varphi}(\boldsymbol{x}_i)^t \boldsymbol{\varphi}(\boldsymbol{x}_j) = K(\boldsymbol{x}_i, \boldsymbol{x}_j)$ を代入すれば

$$L(\boldsymbol{\alpha}) = \sum_{i=0}^{n} \alpha_i - \frac{1}{2} \sum_{i,j}^{n} \alpha_i \alpha_j y_i y_j K(\boldsymbol{x}_i, \boldsymbol{x}_j) \tag{2.37}$$

となり，以下の制約条件の下で，L を最大化する問題となる。

制約条件　$\sum_{i=1}^{n} \alpha_i y_i = 0$

$0 \leq \alpha_i \leq C$　　(C は定数，$i=1, \cdots, n$)

これを最大化する $\boldsymbol{\alpha}$ が求まれば $\boldsymbol{w}, b$ を求めることができる。また L を最大化する問題の最適解は，局所最適解が大局最適解になっている。すなわち局所的な最適解が，全体としてみると最適解になっていないという問題が発生しない。

カーネル関数の例として

$K(\boldsymbol{x}_i, \boldsymbol{x}_j) = (1 + \boldsymbol{x}_i^t \boldsymbol{x}_j)^p$　　　多項式カーネル関数

$K(\boldsymbol{x}_i, \boldsymbol{x}_j) = \exp(-\gamma \|\boldsymbol{x}_i - \boldsymbol{x}_j\|^2)$　　　ガウシアンカーネル関数

が知られている。各関数のパラメータである p や γ は SVM 使用の際に決定する必要がある。

2.5.4　カーネルトリックの実際

カーネルトリックとそれに基づく多種多様なフリーのソフトウェアツールの登場により SVM は多方面で使用されるようになった。例えば，つぎのような 2 次元の学習パターン 18 個があったとしよう。括弧の中の意味は，(x, y) ということである。クラス ω_1 に属するパターンの識別関数値は -1，クラス ω_2 のほうは 1 とする。

クラス ω_1　　(1, 2), (1.5, 3), (2, 4), (2, 1.5), (2.5, 2.5), (3, 1), (3.5, 2), (4, 0), (4, 3)

クラス ω_2　　(−2, 0.5), (−1.5, 2), (−1, 1), (−0.5, 1.5), (−0.5, 4), (0, 2.5), (0.5, −1), (0.6, 3.6), (2, 0)

これを xy 空間内にプロットしたのが図 2.23 である。○がクラス ω_1，□がクラス ω_2 であり，このままでは直線で分離することはできない（●，■，△の意味は後述）。

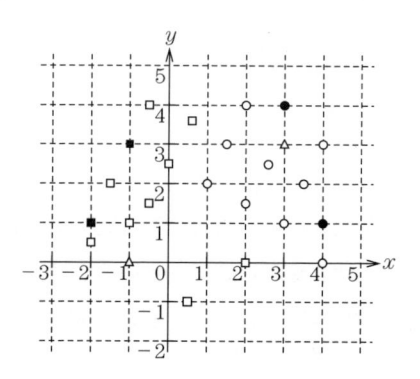

図 2.23　2 次元学習パターンと未知パターン

ここでは数多くの SVM ツールの一つである winSVM[†] を例にとり説明しよう。

winSVM の使用手順は以下のようである。

手順 1　学習パターン（例にある 18 個の学習パターン）を登録する。登録したファイルを train.txt とする。入力ファイルを train.txt とし，繰返し回数を指定し，Optimize ボタンをクリックし，実行を開始する。その結果，識別に関する平均二乗誤差を基準にした，各種カーネル関数とそのパラメータ設定の比較データがユーザに提示される。例えば，ガウシアンカーネル関数における平均二乗誤差が小さくなる γ の値が示される。

手順 2　その比較データを参考にしてカーネル関数とそのパラメータを設定し，登録した学習パターン（train.txt 内にある）を用いた学習を行

[†] http://www.cs.ucl.ac.uk/staff/M.Sewell/winsvm/

うと，w と b が決定される．比較のための別のカーネル関数，パラメータを用いて，この手順2を繰り返す．

手順3 有効性を検証するために，検証用の学習パターンを追加した登録ファイル validation.txt を作成し，winSVM に入力し，識別させる．手順2において，比較のために複数種類のカーネル関数，パラメータについても実行してあるならば，それらに対してもこの手順3を実行する．複数種類のカーネル関数について手順3を実行した場合には，検証用パターンすべてに関して，正しい識別関数値（クラス ω_1 なら -1，クラス ω_2 なら 1）との差の2乗の累積和をとる．累積和が最も小さいカーネル関数，パラメータを採用する．

手順4 採用したカーネル関数，パラメータの下で，ユーザは未知パターンを登録したファイルを winSVM への入力ファイルとすると，winSVM が各未知パターンが属するクラスを出力として回答してくれる．

この流れを見てもわかるように，ユーザの負担は，学習パターン，検証パターン，未知パターンの登録であり，カーネル関数の選択，そのパラメータの設定はツールである winSVM のほうで計算し，指示してくれる．

前記の 18 個を学習パターンとして登録し，手順1を実行すると，winSVM は各種のカーネル関数とパラメータ値の比較データを提示してくれる．そこで，ガウシアンカーネル関数で $\gamma=1.5$ と設定し，上記の 18 個の学習パターンを学習させ，検証パターン $(3,4)$，$(4,1)$（図 2.23 の●）と $(-1,3)$，$(-2,1)$（図 2.23 の■）を追加し，予測させると正しい識別結果を得る．さらに未知パターン $(3,3)$，$(-1,0)$（図 2.23 の△）を入力すると，winSVM ツールは，$(3,3) \in \omega_1$，$(-1,0) \in \omega_2$ という正しい結果を出力してくれる．

学習パターンに使用しなかった未知の入力パターンをどの程度分離できるかという能力を識別器の汎化能力という．SVM は汎化能力が高いという特徴をもつ．学習パターンの数が少ないにもかかわらず，不必要に複雑なモデルを用いると未知パターンに対する予測精度が悪化することを過学習（overfitting）

というが，SVMは過学習しにくいという特徴がある。また局所最適解が大局最適解になっているという特徴もある。なお，多数のクラスの識別には，複数のSVMを組み合わせる必要がある。

2.6 教師なし学習法

これまでの手法ではクラスの数が既知であり，学習するときには，各学習パターンがどのクラスに所属するかわかっていた。このような学習法を教師付き学習法という。これはいわば，学習するときに教師がこのパターンはこのクラスに所属しているということを教えてくれ，生徒は多数のパターン-クラス対を学ぶことにより，識別能力を高めていく学習法であった。一方，学習するときに，各学習パターンがどのクラスに所属しているか教師が教えてくれない，つまり，生徒が自習により学習パターンがどのクラスに所属しているかを学んでいく手法を教師なし学習法という。つぎに2種類の教師なし学習法を紹介する〔文献5)〕。

2.6.1 階層的クラスタリング

教師が教えてくれないとすると，生徒はどうやって判定するのであろうか？一言でいえば，生徒は多数の学習パターンを眺め渡し，自習によりそれらパターンを似ているもの同士のグループに分類していく。このように多数のパターンを類似性に基づいて複数のグループに分類することをクラスタリングという。

学習パターンをd個の特徴をもつつぎのようなd次元ベクトルとする。

$$\boldsymbol{x} = (x_1, \cdots, x_d)^t$$

いま，r個のクラス$\omega_1, \cdots, \omega_r$があるとしよう。すなわち学習パターンはこのどれかに所属する。ただし，どれに所属するかは教えてもらえない。n個の学習パターンが与えられたとき，それを最終的にはr個のクラスタに分類することを考える。手順はつぎのとおりである。

手順1　最初，学習パターン一つが一つのクラスタを形成しているとする。よって，クラスタ数はnである。パラメータkを導入し，$k=n$と

する。

手順2　k 個のクラスタの中から，最も類似しているクラスタを二つ選択し，それらを一つのクラスタに統合する。結果としてクラスタ数は $k-1$ となる。

手順3　手順2を $k=r$ になるまで繰り返して終了する。

さて，それでは類似性はどのように定めるのであろうか？

学習パターンは d 次元ベクトルであるから，例えば，二つの学習パターン x_i, x_j のユークリッド距離 $D(x_i, x_j)$ を類似度とすることが考えられる。このユークリッド距離が近いほど，類似していると考える。このとき，二つのクラスタ ω_i と ω_j の類似度 S_{avg} は

$$S_{avg}(\omega_i, \omega_j) = \frac{\sum_{x_i \in \omega_i} \sum_{x_j \in \omega_j} D(x_i, x_j)}{|\omega_i| \cdot |\omega_j|} \tag{2.38}$$

と表現できる。$|\omega_i|$ はクラスタ ω_i 内の学習パターン個数である。これは，クラスタ ω_i と ω_j のすべての学習パターン対のユークリッド距離の平均である。これを手順2におけるクラスタ対の計算に用い，最小の S_{avg} を構成するクラスタ対を最も類似したクラスタ対とする。

この教師なし学習法は，最初，クラスタ数を学習パターン数と同じと設定して，順次，クラスタ数を減少させていく階層的な手法であり，**階層的クラスタリング**（hierarchical clustering）と呼ばれる。クラスタ対同士の類似度を格納しておけば，新たに必要な計算は，統合されたクラスタと残りのクラスタとの距離計算となるが，学習パターンが多数になると，計算時間が膨大になり，メモリ量も増大する。

またクラスタ対の類似度の定義は式 (2.38) 以外に

$$S_{\min}(\omega_i, \omega_j) = \min_{x_i \in \omega_i, x_j \in \omega_j} D(x_i, x_j)$$

$$S_{proto}(\omega_i, \omega_j) = D(p_i, p_j) \qquad p_i, p_j \text{ はそれぞれクラスタ } \omega_i, \omega_j \text{ のプロトタイプ}$$

などあるが，クラスタ同士が相互に近接している場合には，どの類似度を採用するかで，クラスタリング結果が大きく異なってしまう。

2.6.2　k-means 法

学習パターン数が多数になった場合には，非階層的な手法である **k-means 法**（k-means clustering method，**k 平均法**）が使用される。k-means 法では，クラスタ数をあらかじめ k に固定する。いま，学習パターン数を N とする。手順はつぎのようである。

手順1　最初，N 個の学習パターン $\boldsymbol{x}_n$ ($n=1, \cdots, N$) の中から適当に k 個の学習パターンを選択し，それを k 個のクラスタのプロトタイプ $\boldsymbol{p}_i$ とする。よって，$\boldsymbol{p}_i \in \omega_i$ ($i=1, \cdots, k$) である。

手順2　N 個の学習パターン $\boldsymbol{x}_n$ に関して，$\min_{i=1, \cdots, k} \{D(\boldsymbol{x}_n, \boldsymbol{p}_i)\} = D(\boldsymbol{x}_n, \boldsymbol{p}_j)$ を計算し，$\boldsymbol{x}_n \in \omega_j$ とする。これは N 個の学習パターンを，最近傍のプロトタイプのクラスタに分類している。

手順3　各クラスタ ω_i のプロトタイプを求め，$\boldsymbol{p}_i'$ とする。クラスタ内全パターンの重心をプロトタイプとするのが最も簡単な手法である。

手順4　k 個のクラスタにおいて，$\boldsymbol{p}_i = \boldsymbol{p}_i'$ ($i=1, \cdots, k$) ならば終了する。あるいは指定した最大繰返し数に達していれば終了である。そうでなければ手順2に戻る。

$D(\boldsymbol{x}_n, \boldsymbol{p}_i)$ としては例えばユークリッド距離をとる。プロトタイプが，クラスタ内学習パターンの平均値により決定されるため k-means（k 平均）法と呼ばれる。例えば，0 から 9 の手書き数字のパターン認識ならば $k=10$ と設定する。本手法は，学習パターン集合の性質，あらかじめ固定したクラスタの個数 k，手順1の適当に選んだ k 個の学習パターンなどにより，速やかに収束したり，振動したりする。

以上，本章ではパターン認識の基本，教師付き学習法として，ベイズの学習法，1-NN 法，単純パーセプトロン，サポートベクトルマシン，教師なし学習法として階層的クラスタリング，k-means 法について述べた。これをベースに次章以降，画像，音，テキストの各メディアの処理技術について述べていく。

3 画像メディア

本章では,まず画像の基本について述べ,その後,色の表現法である表色系,画像を扱うための前処理,画像の特徴抽出について述べる〔文献5)〕。

3.1 画像の基本

3.1.1 画像の種類

画像には静止画と動画がある。静止画とは文字どおり静止した,つまり動かない画像であり,例えば写真などがこれに相当する。動画というのは動きのある画像であり,例えば映画などがこれに相当する。

また画像には,カラー画像,グレースケール画像,モノクロ(モノクロームあるいは白黒)画像がある。カラー画像は有彩色(赤とか青とか緑とか)の画像であり,グレースケール画像は無彩色(白,黒,灰色)の画像であり,モノクロ画像は白と黒の画像である[†]。

グレースケール画像の場合,画素の色は,白,黒,そしてその中間の灰色である。灰色は淡い灰色から濃い灰色まで多数種類ある。この濃淡を濃度あるいは階調という。濃度を8ビットで表現すると,白〜灰〜黒の濃度の種類は256種類となる。これを,濃度が256階調といい,256階調のグレースケール画像などという。

デジタル画像を構成する点を画素(ピクセル)という。カラー画像ならば色

[†] モノクロ画像をグレースケール画像の意味で使用することもある。

の付いた点，グレースケール画像ならば白か黒か灰色の点，モノクロ画像ならば白か黒の点である。画素を平面上の縦横に並べることで，2次元画像が表現されている。

デジタル画像はきわめて多数の画素の集まりである。デジタルカメラで写真撮影したときに，デジタルカメラ内メモリに格納される画素の数のことを，撮影画素数，出力画素数，あるいは記録画素数という。縦1280画素，横960画素の画面ならば，1280×960＝約122万9000個の画素で画像が構成されている。画像のデジタル化（1.4.5項）で述べたように画素数を増加させれば，なめらかなデジタル画像が得られる。

画像の表現方式にはラスタ画像とベクトル画像がある。ラスタ画像は，画素を基本単位として画像を表現し，編集も画素単位に行う。一方，ベクトル画像は要素図形（直線，曲線，円，楕円，多角形など）を基本単位として，それらの重ね合せにより画像を表現し，編集も要素図形単位に行う。ベクトル画像はラスタ画像と比較し，一般に，形状，配色，濃淡などは単純であるが，エッジ（輪郭）の鮮明な画像表現ができるため，イラスト，ロゴ，アニメ，地図などの描画に適している〔1章の文献16〕。また拡大縮小による画像の歪みが発生しないこと，一般にファイルサイズが小さいことなどもベクトル画像の利点である。近年，Web上においてはAdobe FlashやSVG（scalable vector graphics）などのベクトル画像が普及してきており，ベクトル画像内の物体抽出やベクトル画像を対象とした検索の研究開発も行われている〔文献8),3)〕。ただ，ページ数の都合もあり，本書ではラスタ画像に関して説明を行っていく。

3.1.2 ヒストグラム

ヒストグラム（histogram）は度数分布図とも呼ばれる。各種データの最小値から最大値までをある単位区間に分割したときの各区間を横軸にとる。そして，縦軸はその区間における度数を表示した棒グラフである。度数というのは，その区間に含まれるデータの個数である。棒グラフの棒（柱）の面積は，底辺に相当するデータの単位区間と高さに相当する度数との積になっているか

3.1 画像の基本 75

ら，ヒストグラムはデータの分布を直感的に把握するために有効なグラフといえる。

　画像のヒストグラムにおけるデータの例としては濃度がある。そこでグレースケール画像の濃度ヒストグラムについて述べる。8 ビットで濃度を表現する。よって，濃度は 0 から 255 の整数値（256 階調）となる。ある静止画像の濃度の分布を知るために，横軸に濃度区分（例えば 16 階調ごとに 1 区間など），縦軸にその区間内濃度をもつ画素の度数（個数）を表示した棒グラフを濃度ヒストグラムという。例えば，**図 3.1** の画像の 1 階調 1 区間，よって全 256 区間の濃度ヒストグラムは**図 3.2** のようになる。

図 3.1　レナのグレースケール画像

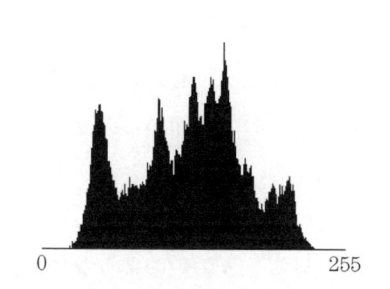

図 3.2　濃度ヒストグラム（256 区間）

　応用によっては，1 階調 1 区間とすると処理時間があまりに長くなる。そのような場合には，処理量を減らすために複数階調を 1 区間とする。図 3.1 の画像に関して，256 階調を単位区間 4 階調として分割し，全体を 64 区間とし，各区間内の濃度の度数を各区間の棒グラフとしたものが**図 3.3** の 64 区間の濃度ヒストグラムである。横軸の最左の 1 区間は階調 0 から 3 であり，最右の 1 区間は階調 252 から 255 である。

　濃度ヒストグラムは前処理としての濃度変換（3.3.1 項〔1〕）や類似画像検索[†]などに利用される。

[†] 各画像の濃度ヒストグラムを特徴とし，その距離が近い画像同士を類似画像と判定する。

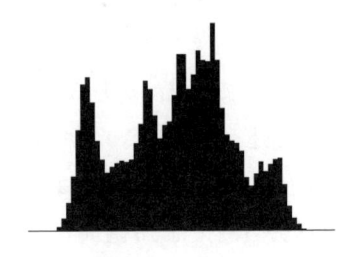

図 3.3 濃度ヒストグラム
(64 区間)

3.1.3 色

スーパーや魚屋の刺身はおいしそうな色をしている。ところが家に帰り，取り出して見るとそれほどでもない。これは魚屋の照明と家の照明が違うからである。同じ照明でも，買いたての刺身と，日を置いた刺身の色は異なる。照明やもの自体が違えば，ものの色は違うということから，眼に見える色というのは，照明光，ものの表面からの反射光が関与していることがわかる。ものに当たった照明光の一部が反射され，それが眼に入り，ものの色が知覚される場合を表面色という。眼に入る光としては反射光以外に透過光があり，ワインを光にかざして見るときの色のような透過光による色を透過色という。表面色，透過色は照明光がないと見えないが，電球のフィラメント，花火，太陽など，それ自身が発光している場合がある。このような色を光源色という〔文献1)〕。

人の眼の網膜の奥には，錐体細胞，桿体細胞という2種類の光受容細胞がある。錐体細胞は波長により感度の異なる3種類の錐体細胞から構成され，それぞれ光の赤成分，緑成分，青成分の色識別に関与する。これら3種類の錐体細胞を通じて信号が脳に伝達され，色を知覚する。このためすべての色は独立な3種類の色光を混ぜて等しい色にすること（等色）が可能であるとされ，例えば赤，緑，青は光の三原色と呼ばれる。一方，桿体細胞は色ではなく明暗，すなわち光量に反応する。

3.2 表　色　系

　色の表現法である**表色系**には大きく分けて顕色法と混色法がある。顕色法は，人の色知覚に基づいて表現，分類する方式であり，マンセル表色系が有名である。混色法は，色を物理的な光に基づき定量的に，すなわち数値で表現，分類する方式である。混色法による表色系では通常，色を表現する3種類の基本的要素を3次元空間の各軸に対応づけて表現するため，色空間（color space，カラースペース）あるいは色立体と呼ばれることも多い。本節では，混色法による表色系と色管理について述べる[†]。

3.2.1　RGB 表色系

　RGB 表色系（CIE-RGB 表色系ともいう）は，1931年国際照明委員会（Commission Internationale de l'Éclairage, CIE）により制定された数値で色を表現する方式である。RGB 表色系では，任意の色光は，他の色の組合せでは作成できない独立した3種類の原色を混ぜ合わせること（混色）によって実現できるとし，赤（Red：700.0 nm），緑（Green：546.1 nm），青（Blue：435.8 nm）の単色光を光の三原色（加法混色の三原色）とした。これら三つの単色光を RGB 表色系の原刺激といい，英語の頭文字をとって RGB 表色系と呼ばれる。RGB 表色系では，例えば，赤と緑を混ぜると黄，緑と青だとシアン，赤と青とでマゼンタになり，三原色すべてを混ぜると白色になる（口絵1）。

　〔1〕**等色実験**　　まず，色光を波長 λ の単色光に限定し，それが三原色をそれぞれどれくらい含んでいるのかを求める等色実験について述べる。単色光の等色実験では，円の下半分に波長 λ の単色光（単色テスト光）C_λ を投射し，上半分に三原色の各原色光（原刺激）の強さを調整して混色し，上下の色光が同じに見えるようにする（図 3.4）。

[†] 文献 4), 5) に詳細な説明がある。

図3.4 等色実験

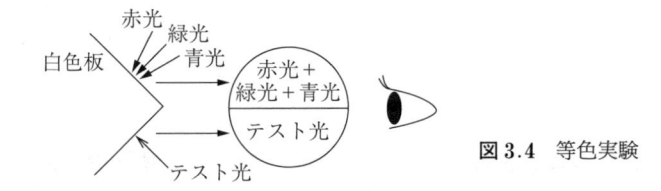

上下の色光が同じに見えたとき，等色したといい，これは等色式

$$C_\lambda = R_\lambda \boldsymbol{R} + G_\lambda \boldsymbol{G} + B_\lambda \boldsymbol{B} \tag{3.1}$$

で表現できる。RGB表色系においては，$\boldsymbol{R}, \boldsymbol{G}, \boldsymbol{B}$ を**原刺激**（reference color stimuli），原刺激の強さである輝度の量を示す係数 $R_\lambda, G_\lambda, B_\lambda$ を**三刺激値**（tristimulus values）という。$\boldsymbol{R}, \boldsymbol{G}, \boldsymbol{B}$ をベクトルを示す太字で表記するのは，$\boldsymbol{R}, \boldsymbol{G}, \boldsymbol{B}$ が後に述べる色空間の軸ベクトルとなるからである。この等色実験から

加法則：色光 C_α と色光 C_β が等色しており（$C_\alpha = C_\beta$），色光 C_γ と色光 C_δ が等色しているときに（$C_\gamma = C_\delta$），色光 C_α と色光 C_γ の混色光と色光 C_β と色光 C_δ の混色光も等色する（$C_\alpha + C_\gamma = C_\beta + C_\delta$）。

比例則：色光 C_α と色光 C_β が等色しており（$C_\alpha = C_\beta$），色光の強さを変更する率を k とすると，$kC_\alpha = kC_\beta$ である。

が成り立つことが確かめられている（グラスマンの法則）。

では原刺激自身の強さの単位はどのようにして決めるのであろうか。まず，三つの原刺激を同量混ぜたときに白色となるように考える。白色光は単色光ではなく連続した可視波長の光の重ね合せであり，全可視波長域においてエネルギーが等しい白色光（等エネルギー白色光）C_W をテスト光とする。白色テスト光 C_W の強さ（輝度）が $\varPhi_W$ であり，等色実験の結果

$$\varPhi_W C_W = \varPhi_R C_R + \varPhi_G C_G + \varPhi_B C_B \tag{3.2}$$

となったとしよう。ここで $\varPhi_R, \varPhi_G, \varPhi_B$ はそれぞれ原刺激の強さである。グラスマンの比例則が成り立つから

$$C_W = \frac{\varPhi_R}{\varPhi_W} C_R + \frac{\varPhi_G}{\varPhi_W} C_G + \frac{\varPhi_B}{\varPhi_W} C_B \tag{3.3}$$

と変形できる。ここで，$l_R=\Phi_R/\Phi_W$，$l_G=\Phi_G/\Phi_W$，$l_B=\Phi_B/\Phi_W$ とすると，l_R，l_G，l_B は原刺激の相対的な強さ（輝度）であり，これを単位量とする。この単位量 l_R，l_G，l_B を**明度係数**と呼び，その比は $l_R:l_G:l_B=1:4.5907:0.0601$ である。単位量の強さの原刺激を用意したときに

$$C_E = R_E \boldsymbol{R} + G_E \boldsymbol{G} + B_E \boldsymbol{B} \qquad (R_E = G_E = B_E = 1) \tag{3.4}$$

となる白色光 C_E を**基礎刺激**という。

単色テスト光 C_λ が強さ L_R, L_G, L_B という三つの原刺激で等色されたとき，三刺激値は明度係数を用いて

$$R_\lambda = \frac{L_R}{l_R}, \quad G_\lambda = \frac{L_G}{l_G}, \quad B_\lambda = \frac{L_B}{l_B} \tag{3.5}$$

と表現できる。任意の単色光の三刺激値を求めるには，まず基礎刺激の白色光を用意し，等色実験により単位量の強さの原刺激を決定する。つぎに決定した原刺激により任意の単色光を等色すれば三刺激値が求まる。しかし，任意の単色光の三刺激値を求めるために，いちいち等色実験をするのは面倒である。これを効率化するために導入された等色関数について述べる。

〔2〕 **等色関数**　　単色テスト光 C_λ のエネルギーを L_λ とし，次式を定義する。

$$\left. \begin{array}{l} \bar{r}(\lambda) = \dfrac{R_\lambda}{L_\lambda} \\[6pt] \bar{g}(\lambda) = \dfrac{G_\lambda}{L_\lambda} \\[6pt] \bar{b}(\lambda) = \dfrac{B_\lambda}{L_\lambda} \end{array} \right\} \tag{3.6}$$

これら $\bar{r}(\lambda), \bar{g}(\lambda), \bar{b}(\lambda)$ が等色関数である。三刺激値 $R_\lambda, G_\lambda, B_\lambda$ を L_λ で除しているので，$\bar{r}(\lambda), \bar{g}(\lambda), \bar{b}(\lambda)$ を単位エネルギーの単色光の三刺激値あるいは**スペクトル三刺激値**という。

それでは単色光ではなく任意の色光の三刺激値はどのようにして求めるのだろうか。いま，等色関数 $\bar{r}(\lambda), \bar{g}(\lambda), \bar{b}(\lambda)$ が求まっているとする。そして，任意の色光は可視光である波長 380〜780 nm の単色光（単一波長の光）の集合

で実現できると考える．色光に関してグラスマンの加法則が成り立つから，任意の色光は，それを多数の単色光に分解し，各単色光の三刺激値を求めて加算すれば得ることができる．

$\Phi(\lambda)$ を任意の色光 C の分光（各波長別）エネルギー分布とすれば，任意の色光 C の三刺激値 R, G, B は等色関数を用いて次式で求められる．

$$\left.\begin{aligned} R &= \int_{380\,\text{nm}}^{780\,\text{nm}} \Phi(\lambda)\,\bar{r}(\lambda)\,d\lambda \\ G &= \int_{380\,\text{nm}}^{780\,\text{nm}} \Phi(\lambda)\,\bar{g}(\lambda)\,d\lambda \\ B &= \int_{380\,\text{nm}}^{780\,\text{nm}} \Phi(\lambda)\,\bar{b}(\lambda)\,d\lambda \end{aligned}\right\} \quad (3.7)$$

基礎刺激 C_E は等エネルギー白色光だからその $\Phi(\lambda)$ は一定であり，それと $C_E = R + G + B$ 〔式 (3.4)〕から，$\int \bar{r}(\lambda)\,d\lambda = \int \bar{g}(\lambda)\,d\lambda = \int \bar{b}(\lambda)\,d\lambda$ である．実際は，式 (3.7) のように積分するのではなく，波長 λ を $\Delta\lambda$ ごとに分割し

$$\left.\begin{aligned} R &= \sum_{380\,\text{nm}}^{780\,\text{nm}} \Phi(\lambda)\,\bar{r}(\lambda)\,\Delta\lambda \\ G &= \sum_{380\,\text{nm}}^{780\,\text{nm}} \Phi(\lambda)\,\bar{g}(\lambda)\,\Delta\lambda \\ B &= \sum_{380\,\text{nm}}^{780\,\text{nm}} \Phi(\lambda)\,\bar{b}(\lambda)\,\Delta\lambda \end{aligned}\right\} \quad (3.8)$$

とする．$\Delta\lambda$ は例えば 5 nm とか 10 nm といった単位であり，これにより三刺激値が求まる．

さて等色関数 $\bar{r}(\lambda), \bar{g}(\lambda), \bar{b}(\lambda)$ を求めるには前述の等色実験（図 3.4）において単色テスト光 C_λ の波長 λ を可視光（380～780 nm）の範囲で変化させる．ここにおいて各単色テスト光の強さ（輝度）は等しくなるようにする．1931 年に CIE により $\bar{r}(\lambda), \bar{g}(\lambda), \bar{b}(\lambda)$ の変化が等色実験より求められ，数表が制定された（CIE 2 度視野に基づく標準測色観測）．そのグラフを**図 3.5** に示す．

いったん等色関数が制定されれば，等色実験をすることなく，任意の色光（任意の分光エネルギー分布）の三刺激値を計算で求めることができる．

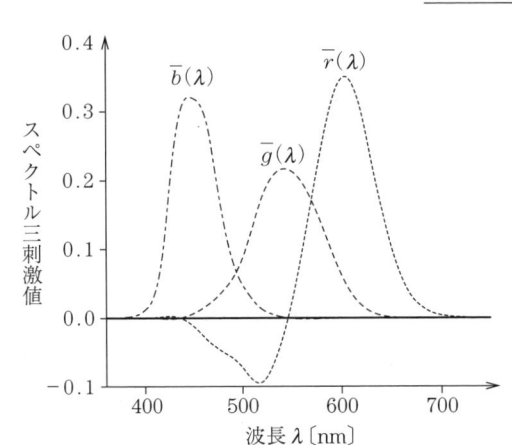

図3.5 RGB等色関数

例えば，波長580 nmの単色光は，スペクトル三刺激値がそれぞれ $\bar{r}$ (580 nm)＝0.24, $\bar{g}$ (580 nm)＝0.12, $\bar{b}$ (580 nm)＝0 であることがわかる。またこのグラフで波長500 nm前後の色を実現するためには，R のスペクトル刺激値である $\bar{r}(\lambda)$ が負にならなければならないことがわかる。これは単色テスト光のほうに赤を加えないと等色できない，すなわち，波長500 nm前後の色は R, G, B の単色光をいかように調整しても等色できないことを示している。

RGB表色系では，原刺激 R, G, B の単位量（相対的輝度）である明度係数の比は $l_r : l_g : l_b$＝1：4.5907：0.0601 であった。つまり三刺激値が $R=G=B$ であっても輝度への貢献度は原刺激ごとに異なる。このためRGB表色系では三刺激値 R, G, B と明度係数を使用して $R+4.5907G+0.0601B$ という輝度計算を行わないと，どちらの色が明るいかを判定できない。

このような負のスペクトル刺激値の存在と輝度計算という欠点を解決するために提案されたのが，3.2.4項で述べるXYZ表色系である。

〔3〕 色度　R, G, B を3軸とする直交座標系を考える。これは3次元空間となるので，RGB色空間と呼ばれる。この空間において任意の色光 C は

$$C = R\boldsymbol{R} + G\boldsymbol{G} + B\boldsymbol{B} \tag{3.9}$$

と表現される。C はRGB色空間におけるベクトルである。このベクトルの長

さは色光の強さに関係し，方向は色相，彩度（3.2.3項参照）に関係する。すなわち，色相，彩度は三刺激値 R, G, B の比と関係する。ここで，RGB色空間における $(1,0,0), (0,1,0), (0,0,1)$ を通る面とベクトル C との交点を考える。この交点の各座標は

$$r=\frac{R}{R+G+B}, \quad g=\frac{G}{R+G+B}, \quad b=\frac{B}{R+G+B} \qquad (3.10)$$

となる。これらは色度（chromaticity）あるいは色度座標と呼ばれ，色相，彩度に関係する。$r+g+b=1$ であるから，r, g, b の三つのうち，二つがわかれば残りの一つは求まる。通常 r, g の二つが用いられ，RGB表色系における色度は r と g の2次元座標系で表現される。

〔4〕 **デジタル RGB**　さてコンピュータ上で，RGB表色系により色を表現する場合，三刺激値 R, G, B すなわち三原色それぞれの濃度（階調）を8ビットの数値で指定することが多い（それ以上の場合もあるが）。すなわち，各画素には（赤8ビット，緑8ビット，青8ビット）で表現される数値が対応づけられている。$(0,0,0)$ は黒であり，$(255,255,255)$ は白であり，赤，緑，青に対応する数値が同値ならばグレーである。例えば，最も明るい赤は，$(255,0,0)$ となる。この場合，各色8ビットだから，0から255まで256階調，よって $256\times256\times256=16\,777\,216$ 通りの混合色を表現できる（**口絵2**）。

RGBヒストグラムにより，画像中の画素のRGBそれぞれの濃度分布を可視化できる。レナのカラー画像（**口絵3**）を例にとる。横軸の単位区間を1階調とすれば全256階調だから256区間のRGBヒストグラムができる（**口絵4**）。処理を軽くするために，例えば，1単位区間に16の階調値を入れると，$256\div16=16$ で，ヒストグラムの横軸が16区間のRGBヒストグラムとなる（**口絵5**）。

RGB表色系は，コンピュータのディスプレイ表示における色指定に使用されるが，RGB値が同じでも使用するディスプレイにより，人の眼に見える色が異なる。そのため，RGB表色系は機器依存色といわれる。

3.2.2 CMY表色系

色材（絵の具，顔料など）の三原色（減法混色の三原色）であるシアン（Cyan），マゼンタ（Magenta），黄（Yellow）を混ぜて色を表現する表色系である。英語の頭文字をとって**CMY表色系**あるいはCMY色空間といわれ，印刷で使用される。印刷であるから，白紙の上に色材の三原色を混色して各種の色を実現する。色材の三原色すべてを混ぜると黒になる（口絵6）。CMY表色系は印刷で使用されるため，黒の発色をよくする必要があり，そのために色材の三原色に黒（K）を加えた表色系が使用され，CMYK表色系といわれる。

デジタルカメラで撮影された写真がRGB表色系の場合，プリンタで印刷するためにはCMYK表色系に変換する必要がある。ただしCMYK値が同じでも使用するプリンタにより印刷色が異なるためCMYK表色系も機器依存色である。

3.2.3 HSV表色系

色合い（色相，Hue），あざやかさ（彩度，Saturation），明るさ（明度，ValueあるいはBrightness）という3種類の特性を色の三属性という。

バナナは黄色，茄子は紫色，きゅうりは緑色といった色合い，色みを色相という。異なる色相の色，例えば黄色と緑色の絵の具を混ぜることにより別の色相，黄緑色をつくることができる。色相をもっている色が有彩色，もっていない色が無彩色である。

明度は，例えば，明るい灰色，暗い灰色のように明るさ，暗さの度合いである。明度は表面色の明るさの度合いであり，最も明度の高い色は白で，最も明度の低い色は黒である。一方，透過色では明るさを増していくと無色透明になる。サングラスのような透過色の明暗の度合いは濃度で，光源色の明暗の度合いは輝度で表現される。

都会の空の青色と田舎の空の青色，鮭の身のピンク色とサンゴのピンク色，といったように，色には，色相，明度が同じでもあざやかさ，くすみ具合の度

合いが異なる場合がある。この度合いを彩度という。田舎の紺碧の青空の色に無彩色を混ぜていくと都会のくすんだ空の色に近づいていく。すなわち彩度は無彩色を混ぜていくにつれて低下していく。そして無彩色は彩度のない色である。

これら色相，彩度，明度という色の三属性から構成される表色系を **HSV 表色系** あるいは **HSB 表色系** という。HSV 表色系（口絵7）においては，色相（H）は 0〜360，彩度（S）は 0〜100，明度（V）は 0〜100 の範囲をとる。

色相（H）は，赤から始まり，黄，緑，シアン，青，マゼンタとなって再び赤に戻る，すなわち環状となるため 0°から 360°の円で表現する。0°が赤，60°が黄，120°が緑，180°がシアン，240°が青，300°がマゼンタである。

明度（V）は HSV 色空間の上部，円錐の底面が $V=100$ で最も明るい。一方，下部となる円錐の頂点は $V=0$ で最も暗く，彩度，色相はない。

彩度（S）$=0$ において色相はなく，明度の値により黒色〜灰色〜白色の無彩色となる。一方，$S=100$ は最もあざやかな純色である。HSV 色空間においては中心に近いほど彩度が低く，周辺に行くに従って彩度が上昇する。（彩度，明度）が $(0, 0)$ の場合は黒で，$(0, 100)$ の場合は白である。

RGB 表色系と HSV 表色系の間には変換式

$$V = 100 \times MAX$$

$$S = 100 \times (MAX - MIN)$$

$$H = \begin{cases} 0 + 60 \times \dfrac{G-B}{MAX-MIN} & (MAX = R \text{の場合}) \\ 120 + 60 \times \dfrac{B-R}{MAX-MIN} & (MAX = G \text{の場合}) \\ 240 + 60 \times \dfrac{R-G}{MAX-MIN} & (MAX = B \text{の場合}) \end{cases} \quad (3.11)$$

が存在する。ここで R, G, B はそれぞれ 0〜1 であり，R, G, B の各値の最大値を MAX，最小値を MIN とする†。ただし H に関しては，もし $H<0$ ならば $H=H+360$ とする。この結果，H は 0〜360，S と V は 0〜100 の範囲と

---

† R, G, B が 0〜255 で表現されている場合は，各値を 255 で除する。

なる。なお，HSV表色系において円錐モデルではなく円柱モデルを採用する場合には $S=100\times(MAX-MIN)/MAX$ となる。

式 (3.11) から，R, G, B の各値が等しければ $MAX-MIN=0$ となり $S=0$ だから無彩色となり，H の分母は0になるので H は定義されない。また $MAX=0$ ならば，R, G, B の各値は0となり $V=0$ すなわち真っ黒であり，このとき，$MAX-MIN=0$ であるから H も定義されない。赤，黄，緑，シアン，青，マゼンタの各色におけるRGB値とHSV値との対応を**表3.1**に示す。H は 0° の赤から始まり，360° で再び赤に戻る。

表 3.1 RGB 値と HSV 値

	赤	黄	緑
(R, G, B)	(255, 0, 0)	(255, 255, 0)	(0, 255, 0)
(H, S, V)	(0, 100, 100)	(60, 100, 100)	(120, 100, 100)
	シアン	青	マゼンタ
(R, G, B)	(0, 255, 255)	(0, 0, 255)	(255, 0, 255)
(H, S, V)	(180, 100, 100)	(240, 100, 100)	(300, 100, 100)

口絵3のレナのカラー画像のHSVヒストグラムを**口絵8**に示す。図の上から H (0〜360)，S (0〜100)，V (0〜100) の各ヒストグラムである。HSVヒストグラムを見ると，レナのカラー画像の H が赤周辺にあること，S に関しては50以下に度数が多くあり，あまりあざやかでないこと，V は明るい部分に度数が分布していることがわかり，色に関する見た目の直感と合っている。人は色を，色自体（色相），そのあざやかさ，その明るさによって知覚しているとされ，HSV表色系はそのような人の眼の色知覚との関係を重視した表色系である。色相，彩度，明度を制御することにより，色を直感的に編集，調整することができるためコンピュータグラフィックス分野で使用される。これに対して，RGB表色系は，光の三原色である波長700 nmの赤，546.1 nmの緑，435.8 nmの青のそれぞれの度合いを重視した表色系である。RGB表色系をHSV表色系に変換することにより，例えば，明度Vを取り出し，その数値を用いて明るさに関する処理を行うことができる。

3.2.4 XYZ 表色系

XYZ 表色系は 1931 年に CIE により制定された[†]。RGB 表色系における負のスペクトル刺激値の存在などの欠点を解決するために，XYZ 表色系においては，実在しない仮想的な 3 種の原刺激を導入し，実在しないがゆえに **X, Y, Z** と命名された。

〔1〕 **XYZ 表色系と RGB 表色系**　RGB 表色系の三刺激値から XYZ 表色系の三刺激値への変換式はつぎのようである。

$$\left.\begin{array}{l}X=2.7690R+1.7517G+1.1301B\\Y=1.0000R+4.5907G+0.0601B\\Z=0.0000R+0.0565G+5.5943B\end{array}\right\} \quad (3.12)$$

これはまた RGB 表色系の等色関数 $\bar{r}(\lambda), \bar{g}(\lambda), \bar{b}(\lambda)$ から XYZ 表色系の等色関数 $\bar{x}(\lambda), \bar{y}(\lambda), \bar{z}(\lambda)$ への変換式

$$\left.\begin{array}{l}\bar{x}(\lambda)=2.7690\bar{r}(\lambda)+1.7517\bar{g}(\lambda)+1.1301\bar{b}(\lambda)\\\bar{y}(\lambda)=1.0000\bar{r}(\lambda)+4.5907\bar{g}(\lambda)+0.0601\bar{b}(\lambda)\\\bar{z}(\lambda)=0.0000\bar{r}(\lambda)+0.0565\bar{g}(\lambda)+5.5943\bar{b}(\lambda)\end{array}\right\} \quad (3.13)$$

となっており，それら等色関数 $\bar{x}(\lambda), \bar{y}(\lambda), \bar{z}(\lambda)$ のグラフは**図 3.6** のようである。

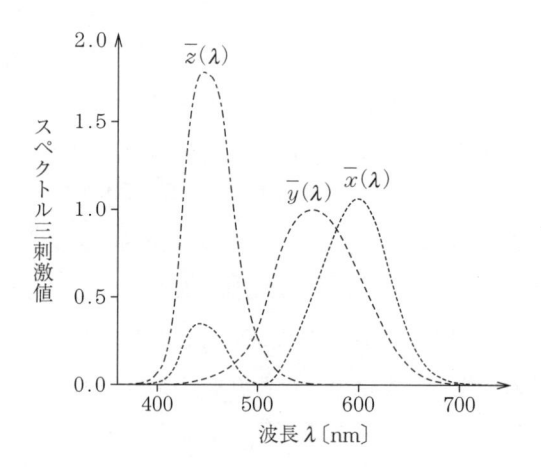

図 3.6 XYZ 等色関数

[†] CIE-XYZ 表色系と記されることも多い。

グラフを見るとわかるように等色関数 $\bar{x}(\lambda), \bar{y}(\lambda), \bar{z}(\lambda)$ は非負である。これら等色関数を用いて，任意の色光 C は 3 種類の原刺激 X, Y, Z を混色することにより等色でき，その等色式は

$$C = X\boldsymbol{X} + Y\boldsymbol{Y} + Z\boldsymbol{Z} \tag{3.14}$$

となる。ここで三刺激値 X, Y, Z は正であり

$$\left.\begin{aligned} X &= \int_{380\,\mathrm{nm}}^{780\,\mathrm{nm}} \varPhi(\lambda)\,\bar{x}(\lambda)\,d\lambda \\ Y &= \int_{380\,\mathrm{nm}}^{780\,\mathrm{nm}} \varPhi(\lambda)\,\bar{y}(\lambda)\,d\lambda \\ Z &= \int_{380\,\mathrm{nm}}^{780\,\mathrm{nm}} \varPhi(\lambda)\,\bar{z}(\lambda)\,d\lambda \end{aligned}\right\} \tag{3.15}$$

である。RGB 表色系と同様に XYZ 表色系においても基礎刺激 $\boldsymbol{C}_E$ と等色したときに三刺激値同士が等しい，すなわち

$$\boldsymbol{C}_E = X_E\boldsymbol{X} + Y_E\boldsymbol{Y} + Z_E\boldsymbol{Z} \quad (X_E = Y_E = Z_E) \tag{3.16}$$

となっており，$\int \bar{x}(\lambda)\,d\lambda = \int \bar{y}(\lambda)\,d\lambda = \int \bar{z}(\lambda)\,d\lambda$ が成り立つので，図 3.6 のグラフの各曲線の下の面積は等しい。基礎刺激 $\boldsymbol{C}_E$ に対して，式 (3.4) と式 (3.16) より $\boldsymbol{C}_E = \boldsymbol{R} + \boldsymbol{G} + \boldsymbol{B} = X_E\boldsymbol{X} + Y_E\boldsymbol{Y} + Z_E\boldsymbol{Z}$ であり，式 (3.12) より $Y = R + 4.5907G + 0.0601B$ であるから，$X_E = Y_E = Z_E = 5.6508$ となる。

〔2〕 **刺激値 Y と輝度**　つぎに，RGB 表色系では明度係数 l_R, l_G, l_B ($l_R : l_G : l_B = 1 : 4.5907 : 0.0601$) を用いて，$R + 4.5907G + 0.0601B$ (R, G, B は三刺激値) という計算により輝度を求めないとどちらの色が明るいかを判定できなかったという欠点の改良について述べる。

光としてのエネルギーが同じであっても波長が異なる，すなわち色が異なれば，人の眼に感じる明るさが異なる。これを視感度といい，明るい所においては波長 555 nm の光を最も明るく感じる (最大視感度)。この最大視感度に対する各波長の視感度の相対値を比視感度といい，可視光領域における相対値曲線を比視感度曲線といい，CIE により測定，規定されている (図 3.7)。

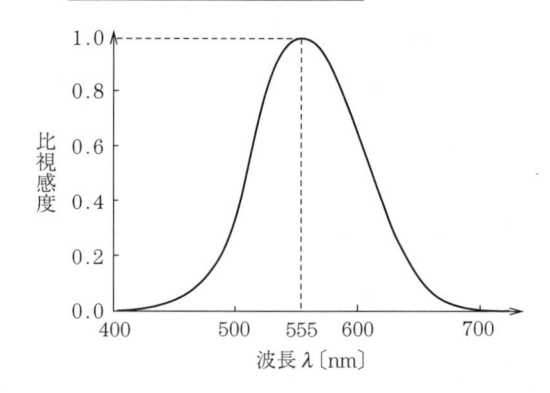

図 3.7 比視感度曲線

　図からわかるように人の眼は赤や青より緑のほうを明るく感じる。例えば，波長 470 nm 付近の青色は同じエネルギーの波長 555 nm の緑色に比べ 10 分の 1 程度の明るさにしか感じない。よって，輝度を表現するには，R, G, B 値にそれぞれ比視感度に対応する係数である明度係数を乗じる必要がある。

　比視感度曲線は

$$V(\lambda) = \bar{r}(\lambda) + 4.5907\bar{g}(\lambda) + 0.0601\bar{b}(\lambda) \tag{3.17}$$

と表現できる。さて式 (3.13) を見ると XYZ 表色系では等色関数 $\bar{y}(\lambda)$ を人の眼の比視感度である式 (3.17) に一致させている。よって，XYZ 表色系では，刺激値 Y は輝度となる。また RGB 色空間において $1.0000R + 4.5907G + 0.0601B = 0$ は輝度が 0 の面であるが，この面上に XYZ 表色系の原刺激 X, Z をとることとした。これにより，XYZ 表色系では原刺激 Y のみが輝度と関係し，原刺激 X, Z は色相と彩度に関係する。

〔3〕**色　　度**　RGB 表色系と同様，XYZ 表色系においてもつぎのようにして色度を得ることができる。

　XYZ 表色系における 3 次元空間，すなわち X, Y, Z を 3 軸とする直交座標系を考える。任意の色光ベクトル C ($=X\boldsymbol{X}+Y\boldsymbol{Y}+Z\boldsymbol{Z}$) が $X+Y+Z=1$ の平面と交差する点の座標 (x, y, z) を色度あるいは色度座標と呼ぶ。三刺激値を X, Y, Z とすると，色度は

$$\left.\begin{array}{l} x = \dfrac{X}{X+Y+Z} \\[4pt] y = \dfrac{Y}{X+Y+Z} \\[4pt] z = \dfrac{Z}{X+Y+Z} \end{array}\right\} \qquad (3.18)$$

により求まる。基礎刺激 C_E の色度は $x=y=1/3$ である。式 (3.18) より $x+y+z=1$ であるから，色度は任意の二つから残りの一つを求めることができる。XYZ 表色系の x, y, z のうち通常は x, y を選択し，それら x と y を 2 次元座標にとり表現した図を CIE 1931 色度図，あるいは xy 色度図という（**口絵 9**）。

xy 色度図のつりがね型の周囲曲線をスペクトル軌跡（spectrum locus）といい，この軌跡上に波長 380～780 nm の単色光が並んでいる。そして，スペクトル軌跡の両端を結ぶ直線を純紫軌跡という。スペクトル軌跡と純紫軌跡で囲まれた領域が人の眼が知覚できるすべての色である。軌跡線の内側の色は混色である。xy 色度図内の 2 点，すわなち二つの色の混色は，その 2 点を結ぶ線上の色となる。後述する sRGB 表色系（3.2.7 項〔2〕）の色度座標を xy 色度図上にプロットすれば口絵 9 に示すように三角形ができ，これは sRGB 表色系による色域範囲，すなわち sRGB 表色系により表現可能な色の領域を示している。色度図を用いることにより，ある表色系により表現可能な色の領域を表示することができる。

3.2.5　L*a*b* 表色系

色は色空間内の点として表現される。よってある色と別のある色の色空間内の距離が，人に知覚されるそれら 2 色の色差に対応していると便利である。例えば，色空間内の 2 点間の距離があるしきい値以下ならば人の眼には同じ色に見えると判断でき，再現画像における許容できる色差の範囲を規定できる。このような色空間内の距離が人に知覚される色差に対応している色空間を均等色空間，均等表色系という。均等色空間を目指した表色系の一つが 1976 年に CIE によって制定された L*a*b*（エルスターエースタービースター）表色系

である。L*a*b*表色系はCIEによって制定されたのでCIE-L*a*b*表色系あるいはCIELAB（シーラブ）表色系ともいわれる。

口絵10にあるように，L*a*b*表色系は，明度軸L^*と二つの色差軸a^*, b^*からなる。L^*は明るさに，a^*とb^*は色相と彩度に関係する。a^*軸の＋方向は赤，－方向は緑，b^*軸の＋方向は黄，－方向は青に対応している。a^*軸の値とb^*軸の値がともに0の色は無彩色である。$L^*=0$が黒，$L^*=100$が白である。彩度は中心からの距離で表される。

XYZ表色系との関係は次式で定義される。

$$L^* = 116 f\left(\frac{Y}{Y_n}\right) - 16 \tag{3.19}$$

$$a^* = 500\left(f\left(\frac{X}{X_n}\right) - f\left(\frac{Y}{Y_n}\right)\right) \tag{3.20}$$

$$b^* = 200\left(f\left(\frac{Y}{Y_n}\right) - f\left(\frac{Z}{Z_n}\right)\right) \tag{3.21}$$

ただし

$$f(t) = \begin{cases} t^{1/3} & (t > 0.008856) \\ 7.787t + \dfrac{16}{116} & (t \leq 0.00856) \end{cases}$$

である。例えば，$Y/Y_n \leq 0.008856$ならば$L^* = 903.292 Y/Y_n$となり，$X/X_n, Y/Y_n, Z/Z_n$がすべて0.008856以下ならば$a^* = 3893.5(X/X_n - Y/Y_n)$，$b^* = 1557.4(Y/Y_n - Z/Z_n)$となる。

ここで，X, Y, Zは標準光の下での物体の表面色の三刺激値である。X_n, Y_n, Z_nは同一の標準光の下での完全拡散反射面の三刺激値で，通常は白色光を投影したときの三刺激値である。完全拡散反射面とは，反射率が100％となる反射面である。X_n, Y_n, Z_nは，標準白色光がD_{65}の場合95.04，100，108.89，D_{50}の場合96.42，100，82.49である。D_{65}とはCIEが制定した標準白色光で色温度6500Kの昼光であり，D_{50}は色温度5000Kの昼光である。

二つの色の$L^*a^*b^*$を$L_1^* a_1^* b_1^*$，$L_2^* a_2^* b_2^*$としたとき，色差ΔE_{ab}^*は

$$\Delta E_{ab}^* = \{(\Delta L^*)^2 + (\Delta a^*)^2 + (\Delta b^*)^2\}^{1/2} \tag{3.22}$$

である。ここで，$\Delta L^* = L_2^* - L_1^*$，$\Delta a^* = a_2^* - a_1^*$，$\Delta b^* = b_2^* - b_1^*$ である。

3.2.6 YCC・YIQ・YCrCb 表色系

　カラーテレビ方式は色に関する各種の工夫がなされており，表色系の理解を助けると思われるので，紹介する。またカラーテレビ放送の表色系を例にとり，アナログ表色系からデジタル表色系への変換過程についても述べる。

　〔1〕**アナログ YCC 表色系**　　いまはほとんど見かけなくなってしまったが，かつて画像がグレースケールであるアナログ白黒テレビというものがあった。アナログカラーテレビ放送が開始されてからも白黒テレビ受像機でカラー放送を視聴できるように，カラーテレビ信号と白黒テレビ信号の互換性をとる必要があった。そこで，カラーテレビ信号を輝度信号と色差信号に分離し，白黒テレビ受像機では，輝度信号のみから画像を再現することとした。

　カラーテレビ信号の伝送では，原刺激 R, G, B を規定し，色光 C を実現する三刺激値 R, G, B を伝送し，受像機でそれをもとに色光 C を再現する。

　NTSC 方式[†]のカラーテレビ放送における RGB 三原刺激，基礎刺激と xy 色度図上の x, y 座標の関係は**表 3.2** のようである。NTSC 方式カラーテレビ放送における基礎刺激は，RGB 表色系の基礎刺激と異なり，C と呼ばれる標準白色光を採用している。xy 色度図上の $R=(0.67, 0.33)$，$G=(0.21, 0.71)$，$B=(0.14, 0.08)$ の 3 点を頂点とする三角形の内部がカラーテレビ受像機で再現できる色域である。

　表 3.2 の RGB 三原刺激，基礎刺激の色度 x と y の値，色度座標の式 (3.10)，(3.18)，RGB 表色系から XYZ 表色系への変換式 (3.12)，基礎刺激

表 3.2 NTSC 方式の RGB
三原刺激・基礎刺激と色度

	R	G	B	基礎刺激
x	0.67	0.21	0.14	0.310
y	0.33	0.71	0.08	0.316

[†] 日本と米国で採用されているアナログテレビ放送方式である。

の刺激値 Y は1に規格化されていることから，カラーテレビの輝度信号

$$Y=0.299R+0.587G+0.114B \tag{3.23}$$

が求まる。ここで Y は輝度を表し，白黒テレビ受像機ではこの Y の値のみを使用し，画像を再現している。

カラー画像を再現するためには，輝度信号の他に色に関する信号が必要である。そこで，$R-Y$，$G-Y$，$B-Y$ という3種類の信号を考える。これらは輝度信号 Y を加算すればそれぞれ R, G, B となる信号であり，色差信号という。色差信号は3種類が考えられるが，輝度信号 Y の式 (3.23) 中にすでに R, G, B 値が入っているので，$R-Y$，$B-Y$ の2式を色差信号とし，G は Y，$R-Y$，$B-Y$ から作成する。よってカラーテレビ信号（アナログ YCC 表色系）はつぎのようになる。

$$\left. \begin{array}{l} Y=0.299R+0.587G+0.114B \\ C_1=R-Y=0.701R-0.587G-0.144B \\ C_2=B-Y=-0.299R-0.587G+0.886B \end{array} \right\} \tag{3.24}$$

C は Chroma の略である。赤みが強いとき C_1 は正になり，青みが強いとき C_2 は正になる。アナログ RGB 信号振幅は0から1.0に正規化され，その結果，アナログ輝度信号 Y は0から1.0，C_1 は -0.701 から $+0.701$，C_2 は -0.886 から $+0.886$ の各値をとる。$R=G=B$ のとき，すなわち無彩色のとき $Y=R=G=B$ となる。

〔2〕 **YIQ 表色系**　つぎに前述の YCC 表色系をベースにした NTSC 方式カラーテレビ放送の色空間であるアナログ YIQ 表色系について述べる。

人の眼は，オレンジからシアンにかけての色相に対しては解像度が高く，緑からマゼンタにかけての色相に対しては解像度が低い。そこで NTSC 方式では解像度の高いオレンジ・シアン系（肌色系）の色には広い帯域幅（1.5 MHz）により詳細な伝送をし，解像度の低い緑・マゼンタ系（寒色系）は狭い帯域幅（0.5 MHz）で伝送することとし，前記 YCC 表色系の $C_1 (=R-Y)$ 軸，$C_2 (=B-Y)$ 軸の代わりに，位相が33度進んだ I 軸，Q 軸を採用した。カラーテレビ画像のコントラストが白黒テレビ画像のコントラストより

低下するのを避けるために $R-Y$ 色差信号と $B-Y$ 色差信号を $1/1.14 : 1/2.03$ の比で合成する。色差信号ベクトルの（$R-Y$ 軸・$B-Y$ 軸）2次元座標系と（I 軸・Q 軸）2次元座標系とにおける等価式は

$$\left. \begin{aligned} I &= \frac{R-Y}{1.14}\cos 33° - \frac{B-Y}{2.03}\sin 33° \\ Q &= \frac{R-Y}{1.14}\sin 33° + \frac{B-Y}{2.03}\cos 33° \end{aligned} \right\} \tag{3.25}$$

となる。式 (3.25) と $Y=0.299R+0.587G+0.114B$〔式 (3.23)〕から，NTSC 方式カラーテレビ放送の色空間であるアナログ YIQ 表色系とアナログ RGB 表色系との変換式はつぎのようになる。

$$\left. \begin{aligned} Y &= 0.299R + 0.587G + 0.114B \\ I &= 0.596R - 0.274G - 0.322B \\ Q &= 0.211R - 0.522G + 0.311B \end{aligned} \right\} \tag{3.26}$$

〔3〕 **YCrCb 表色系**　ITU-R BT.601 で規定される国際規格に従い，アナログ YCC 表色系からデジタル YCrCb 表色系への変換を見ていこう[†]。アナログとデジタルの区別を明確にするために，アナログ Y, R, G, B, C_1, C_2 をそれぞれ $Ay, Ar, Ag, Ab, Ac_1, Ac_2$ と表記することにする。

まず，デジタル化のために，-0.701 から $+0.701$ の Ac_1 と -0.886 から $+0.886$ の Ac_2 が，-0.5 から $+0.5$ の範囲に収まるように係数 $0.5/0.701$，$0.5/0.886$ をそれぞれ乗じる。なお Ay は 0 から 1.0 の値をとるのでこのままでデジタル化に使用する。この結果，アナログ YCC 表色系の Ay, Ac_1, Ac_2 はつぎのようなアナログ Ay, Acr, Acb となる。

$$\begin{aligned} Ay &= 0.299Ar + 0.587Ag + 0.114Ab \quad (0 \leq Ay \leq 1.0), \\ Acr &= \frac{0.5}{0.701}Ac_1 = 0.500Ar - 0.419Ag - 0.081Ab \quad (-0.5 \leq Acr \leq 0.5), \\ Acb &= \frac{0.5}{0.886}Ac_2 = -0.169Ar - 0.331Ag + 0.500Ab \quad (-0.5 \leq Acb \leq 0.5) \end{aligned}$$

$$\tag{3.27}$$

[†] ITU は，通信方式の国際標準化団体である国際電気通信連合（International Telecommunication Union）の略である。

デジタル YCrCb 信号の量子化ビット数は 8 ビット（量子化階段数 256）と規定されている。そしてデジタル輝度信号 Y は 16（黒）から 235（白）と規定されているので，式 (3.27) より $0 \leq Ay \leq 1.0$ であるから $Y = 219Ay + 16$ となる。一方，デジタル色差信号 Cr, Cb は 16 から 240 と規定されている。そこで無彩色のとき Ac_1, Ac_2 はゼロになるが，Cr, Cb では 128 のオフセットを加算する。式 (3.27) より $-0.5 \leq Acr, Acb \leq 0.5$ だから，$Cr = 224Acr + 128$，$Cb = 224Acb + 128$ となる。

まとめるとアナログ YCC 表色系からデジタル YCrCb 表色系への変換式は

$$\left.\begin{array}{l} Y = 219Ay + 16 \\ Cr = 224Acr + 128 = 160Ac_1 + 128 \\ Cb = 224Acb + 128 = 126Ac_2 + 128 \end{array}\right\} \quad (3.28)$$

となる。$0 \leq Ar, Ag, Ab \leq 1.0$，$Ar = Ag = Ab$ ならば $Ay = Ar = Ag = Ab$，デジタル輝度信号 Y は 16〜235 であるから，アナログ RGB 信号値（表色系）から 8 ビットデジタル RGB 値（表色系）への変換式はつぎのようになる。

$$\left.\begin{array}{l} R = 219Ar + 16 \\ G = 219Ag + 16 \\ B = 219Ab + 16 \end{array}\right\} \quad (3.29)$$

そして 8 ビットデジタル RGB 表色系から 8 ビットデジタル YCrCb 表色系への変換式はつぎのようになる。

$$\left.\begin{array}{l} Y = \dfrac{77}{256}R + \dfrac{150}{256}G + \dfrac{29}{256}B \\ Cr = \dfrac{131}{256}R - \dfrac{110}{256}G - \dfrac{21}{256}B + 128 \\ Cb = -\dfrac{44}{256}R - \dfrac{87}{256}G + \dfrac{131}{256}B + 128 \end{array}\right\} \quad (3.30)$$

以上が ITU-R BT.601 で規定されるデジタル YCrCb 表色系であり，アナログ YCC 表色系からの変換過程と，ITU-R BT.601 におけるデジタル RGB 表色系とデジタル YCrCb 表色系との関係について述べた。

3.2.7 色　管　理

デジタルカメラで撮影した写真を，ディスプレイで見るときの色と，プリンタで印刷したときの色が異なるという経験をした人は多いと思う。またプリンタが異なると印刷色が微妙に違ったりする。これらは各機器が機器依存の表色系を使用しているためで，このような場合，RGB 値が同じであっても再現される色が異なってしまう。

色管理（カラーマネージメント）というのは，異なる機器間（デジタルカメラ，スキャナなどの入力機器，そしてディスプレイ，プリンタなどの出力機器）における同一色再現を目指すための技術で，プロファイルによる手法と色空間を標準化する手法とがある。以降，これらについて述べる〔文献2), 5)〕。

〔1〕 **プロファイル法**　機器（プリンタ，ディスプレイ，スキャナなど）ごとに，機器の色特性や機器独立な L*a*b* 表色系，XYZ 表色系などへの色変換情報を記載した ICC プロファイルを用意し，それを用いる色管理が**プロファイル法**である。ICC プロファイルは International Color Consortium (ICC) により規定されている。機器独立な L*a*b* 表色系や XYZ 表色系を PCS (profile connection space) といい，ICC プロファイルを用いて機器ごとに，RGB, CMYK などの機器依存色を機器独立色の PCS に変換する。

ICC プロファイルには，スキャナ，デジタルカメラなどの入力機器の表色系と PCS との変換のための入力プロファイル，ディスプレイの表色系と PCS との変換のためのモニタプロファイル，プリンタなどの出力機器の表色系と PCS との変換のための出力プロファイルなどがある。ICC プロファイルを用いて，各機器が表現できる色域を最大限に生かして，色再現する。これら ICC プロファイルは，OS にあらかじめ搭載されていたり，機器に標準で付属していることも多く，また，機器メーカーのホームページからもダウンロード可能である。

デジタルカメラを例にとり説明する。A 社製デジタルカメラで撮影した写真の RGB 値は，A 社製デジタルカメラの ICC プロファイルにより，PCS 値に変換される。これを B 社製ディスプレイに表示するときは，PCS 値を B 社

製ディスプレイのICCプロファイルによりB社製ディスプレイの機器依存のRGB値に変換する．この写真をC社製プリンタで印刷するときは，PCS値を，C社製プリンタのICCプロファイルを用いて，C社製プリンタの機器依存のCMYK値に変換してから印刷する．

プロファイル法は標準色空間法（sRGB色空間など）に比較して，各機器の色特性をより詳細に記述でき，高精度の色再現が可能となる．欠点としては，プロファイルのサイズが大きくなり，インターネット上での転送に時間がかかること，ユーザが機器の設定（例えば明るさ，コントラスト）を変更してしまうと色再現の精度が落ちてしまうことが挙げられる．

〔2〕**標準色空間法**　　表色系を変換するのではなく，標準化された表色系，色空間を使用し，各機器がそれに対応した色再現を行う手法である．すなわちメーカーや機器ごとに異なっていた機器依存の色空間，例えばRGB色空間†を標準化しようという手法である．このような標準色空間をWeb上で採用すれば，ディスプレイで見た色と実物との色の差を小さくすることができ，Web上での商品購入に伴う色違いの危険性を減少することができる．

標準色空間を入出力機器が採用した場合，デジタルカメラ，スキャナなど入力機器は標準色空間でデータを作成し，ディスプレイ，プリンタなど出力機器は，標準色空間に基づき表示，印刷をする．標準色空間としては，sRGB (standard RGB) 色空間，AdobeRGB色空間などがある．例えばデジタルカメラとカラープリンタを接続し，デジタルカメラで撮影した写真をカラープリンタで印刷するとき，双方が標準色空間，例えばsRGB色空間で統一されていれば，ユーザはICCプロファイルのダウンロードなど色管理のための操作をすることなく，画像の入出力を行い，ディスプレイ表示色と印刷色との差を小さくすることができる．以降，sRGB色空間について述べる．

sRGB色空間（表色系）は1999年10月に国際電気標準会議（International Electrotechnical Commission, IEC）により国際標準規格（規格番号IEC 61966-2-1）とされ，標準条件とXYZ色空間（表色系）との変換式が規定さ

---

† 色管理においては色空間という用語を使用することも多い．

れている。

sRGB色空間はディスプレイ，デジタルカメラ，スキャナ，プリンタなど多くのコンピュータ周辺機器，ワープロ，表計算などの応用ソフトウェア，Webにおいて，標準色空間として広範に採用されており，RGB各色を8ビットで階調表現する。Windows OS，Mac OSなどでもサポートされている。

ディスプレイ表示輝度レベルは80 cd/m^2，標準白色光（基礎刺激）はD_{65}，ガンマ特性は2.2，RGB色度はITU-R BT.709-3（HDTV規格）などが標準条件である。これらは通常のCRT（ブラウン管）モニタが満たすことができる条件である。**表3.3**にsRGBカラーCRTの三原刺激，基礎刺激とxy色度図上のx, y座標との関係を示す。

表3.3 sRGBのRGB三原刺激・基礎刺激と色度

	R	G	B	基礎刺激
x	0.64	0.30	0.15	0.3127
y	0.33	0.60	0.06	0.3290

sRGB色空間とXYZ色空間との変換式はつぎのようである。

$$\left.\begin{aligned}X &= 0.4124 R_{sRGB} + 0.3576 G_{sRGB} + 0.1805 B_{sRGB} \\ Y &= 0.2126 R_{sRGB} + 0.7152 G_{sRGB} + 0.0722 B_{sRGB} \\ Z &= 0.0193 R_{sRGB} + 0.1192 G_{sRGB} + 0.9505 B_{sRGB}\end{aligned}\right\} \quad (3.31)$$

sRGB色空間は一般的なCRTモニタをベースに規格化された色空間のため，色域はそれほど広くない。

一方AdobeRGB色空間は色度図（口絵9）からもわかるようにsRGB色空間に比べ色域が広く，商業用の標準色空間として使用され，高機能な入出力機器において採用されてきたが，近年，家庭用機器においても採用され始めている。量子化誤差改善（量子化分解能向上）に関しては，RGB各色の階調を10ビット以上で扱うbg-sRGB規格も制定されている。

また，近年，RGBそれぞれに16ビット以上を割り当てて量子化分解能を上げた高ダイナミックレンジ画像（high dynamic range image，HDRI）が普及

しつつある。1画素当たり RGB それぞれに 8 ビットを割り当てる RGB 色空間や XYZ 色空間は LDRI（low dynamic range image，低ダイナミックレンジ画像）といわれる。HDRI の大きな利点としては，輝度を浮動小数点数表記とすることで，2 のべき乗オーダーの輝度領域を可能としたことにある。このため，LDRI における白飛び（明る過ぎて被写体が真っ白になる）や黒潰れ（暗過ぎて被写体が真っ黒になる）のような輝度領域の上限下限を突破すること（輝度の飽和）が起こりにくくなる。HDRI を実際にディスプレイ上に表示するには，現在は LDRI への変換処理（トーンマッピング）をする。トーンマッピングでは任意の明るさを選択できるため，一つの HDRI からさまざまな明るさの LDRI を作成することができる。映画業界では OpenEXR が，ゲーム業界では Radiance RGBE が一般的なフォーマットである。

3.3 前 処 理

　画像認識などの画像処理においては，特徴抽出の精度向上のため特徴抽出に先立つ前処理において画質の改善を行う。本節では，画質改善としてコントラスト改善，雑音除去について述べる。

3.3.1 コントラスト改善

　コントラスト改善は画質改善の一手法である。コントラストとは画像の最も明るい画素と最も暗い画素の濃度の差のことである。グレースケール画像においては最も白い画素と最も黒い画素の濃度の差である。この差が大きいとき，コントラストが高いという。コントラストが低いと対象物体と背景との差が明確でなく，特徴抽出（3.4 節）の精度が落ちてしまう。以降，コントラスト改善のための手法である濃度変換とヒストグラム平坦化について述べる。

〔1〕 **濃度変換（階調変換）**　　濃度が a から b（$a<b$）の原画像があったとする。つまり原画像において濃度 a 未満の画素と濃度 b 超の画素は存在しない。ここで原画像の濃度 a 以下の画素を，変換後画像の濃度 0 の画素とす

る。また原画像の濃度 b 以上の画素を，変換後画像の濃度 255 の画素とする。そして，濃度 $a+1$ 以上の画素と，濃度 $b-1$ 以下の画素を，濃度 1 から 254 の範囲に引き伸ばす。すなわち濃度変換は濃度ヒストグラムを左右に引き伸ばすことに相当する。これにより，コントラストの高い，すなわち濃度が 0 から 255 の範囲に広がる画像に変換される。ここで紹介するのは線形濃度変換であり，変換式はつぎのようであり，これをグラフで表すと**図 3.8** のようになる。

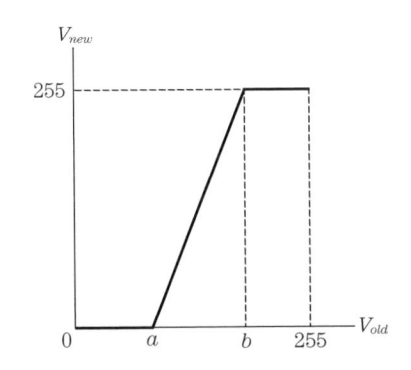

図 3.8 線形濃度変換グラフ

$$V_{new} = \begin{cases} 0 & (0 \leq V_{old} < a) \\ \dfrac{255}{b-a} \times (V_{old} - a) & (a \leq V_{old} \leq b) \\ 255 & (b < V_{old} \leq 255) \end{cases} \quad (3.32)$$

例えば，原画像の濃度範囲が 86 から 169 のとき，濃度 90，濃度 160 の画素は

$$255 \times \frac{90-85}{170-85} = 15, \quad 255 \times \frac{160-85}{170-85} = 225$$

であるから，変換後画像ではそれぞれ濃度 15 と 225 の画素となり，低濃度と高濃度へそれぞれ変換される。

さてボート原画像〔**図 3.9**（a）〕に対して線形濃度変換を実行してみよう。図 3.9（b）の濃度ヒストグラム（256 区間）を見ると，ボート原画像は濃度 0 に近い全体の約 30％の部分と，255 に近い数％の部分の度数が 0 であることがわかる。実際の度数分布の数値を点検すると，濃度 0 から 76[†]と，濃度 239

[†] 正確にいうと濃度 61 に度数 1 がある。このことについては後述する。

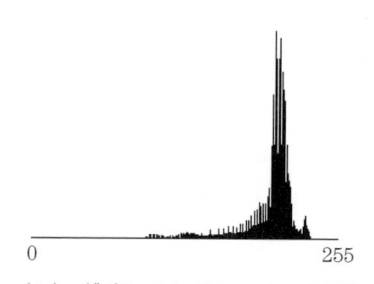

(a) 原 画 像　　　　(b) 濃度ヒストグラム (256 区間)

図 3.9　ボ ー ト

から 255 の範囲の値をとる画素がないことがわかる。そこで，最小濃度 a を 77，最大濃度 b を 238 とし，線形濃度変換を施した結果の画像を**図 3.10**（a）に，その濃度ヒストグラムを図（b）に示す。濃度ヒストグラムが左右に引き伸ばされたことによりコントラストが高くなっている。

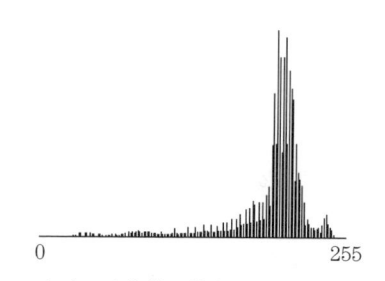

(a) 変換後の画像　　　(b) 変換後の濃度ヒストグラム
　　　　　　　　　　　　　　（256 区間）

図 3.10　線形濃度変換後

　実際のボート原画像において，濃度 61 に 1 画素が存在する。コントラスト改善のため，度数 1 程度がわずかに散見される濃度領域はそれを無視することがある。この場合は濃度 a 未満と b 超の画素数が完全にゼロでないので，濃度変換により，一部の画素の情報が失われてしまう。

図3.9(b)に比較して，図3.10(b)においては濃度ヒストグラムの棒の間にすき間ができている。これは，濃度変換では，原画像の最小濃度を0に，最大濃度を255に左右に引き伸ばしたが，度数が0でない濃度（階調）の数自体は同じためである。濃度変換は，最小濃度と最大濃度の間の範囲を拡大して，コントラストを改善する。

〔2〕 **ヒストグラム平坦化** ヒストグラム平坦化によるコントラスト改善について述べる。濃度変換では，度数が0でない濃度（階調）の数自体は増加していないため，階調すべてを有効活用していないし，変換前の原画像の最小濃度と最大濃度を求めてから変換をする必要があった。ヒストグラム平坦化では，ヒストグラムの各濃度の画素数を同数に調整し，ヒストグラム自体を平坦化する。原画像のヒストグラム全体を眺めわたし，狭い濃度範囲に集中している画素を広い濃度範囲に拡散させることによりコントラストを改善する。手順をつぎに示す。

手順1 原画像の全画素数を階調数で割り，階調当りの平均画素数 N を求める。ここでは簡単のため全画素数は階調数の整数倍であるとする。

手順2 全画素を低濃度から高濃度へと順にソート（整列）しておく。

手順3 パラメータ i を最小濃度に，パラメータ j と k を0に初期化する。

手順4 濃度 i の画素を濃度 j に変換し，濃度 j の画素として積算（濃度 j の画素数 k を+1）する。

手順5 濃度 j の画素数 k が N になるまで変換を継続する。途中で濃度 i の画素がなくなれば，$i=i+1$ とする。

手順6 積算画素数 k が N になったら $j=j+1$ とする。

手順7 $j=256$ になれば終了。そうでなければ手順4に戻る。

図3.11の原画像（ガール）に対してヒストグラム平坦化を行った画像を**図3.12**に示す。ここで手順4は，より左上の画素を優先している。これらの図を見ればコントラストが改善されたことがわかる。**図3.13**（a）にヒストグラム平坦化前の原画像（ガール）の濃度ヒストグラム（256区間）を，図（b）にヒストグラム平坦化後の画像の濃度ヒストグラム（256区間）を示す。

図 3.11 原画像（ガール）　　図 3.12 ヒストグラム平坦化
　　　　　　　　　　　　　　　　　された画像

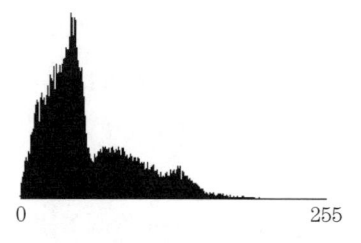

(a) 平坦化前　　　　　　　(b) 平坦化後

図 3.13 ガール画像の濃度ヒストグラム（256区間）

平坦化後のヒストグラムは平坦化され，濃度変換のようにヒストグラムの棒の間にすき間がないことがわかる。

前処理としてコントラストを改善することにより，特徴抽出であるエッジ検出（3.4.1項）の精度が向上する。

3.3.2 雑音除去

デジタルカメラで撮影した画像やスキャナで取り込んだ画像には雑音（ノイズ）が混入していることがある。この雑音を前処理において除去し，画質を改善しておく必要がある。ここでは，雑音除去のためのフィルタである平均値フィルタ，メディアンフィルタについて述べる。

〔1〕 **平均値フィルタ**　　中心画素と周囲の画素（近傍画素）を一つの部分領域とし，その部分領域の平均濃度を中心画素の濃度とすることにより雑音を

3.3 前処理

除去するフィルタである。平均の求め方として，単純平均と加重平均を用いるフィルタについて述べる。

座標 (i, j) の画素の濃度を $V(i, j)$ とすると，平均値フィルタによる処理後の中心画素濃度 $V_{new}(i, j)$ は

$$V_{new}(i, j) = \sum_k \sum_l w(k, l) V(i+k, j+l)$$

と表記される。k, l はそれぞれ x 方向，y 方向の近傍画素領域範囲である。$w(k, l)$ は重み係数，フィルタ係数と呼ばれる。

ここで例えば表3.4のような中心画素 (i, j) を含む3×3の部分領域の濃度を考える。3×3だから $k, l = -1, 0, +1$ である。

表3.4 3×3画素領域の濃度

$V(i-1, j-1)$	$V(i, j-1)$	$V(i+1, j-1)$
$V(i-1, j)$	$V(i, j)$	$V(i+1, j)$
$V(i-1, j+1)$	$V(i, j+1)$	$V(i+1, j+1)$

単純平均値フィルタでは $V_{new}(i, j)$ は各画素濃度の単純平均とするので，重み係数はすべて同等の1/9であり，$w(k, l)$ $(k, l = -1, 0, +1)$ は図3.14のように表現できる。

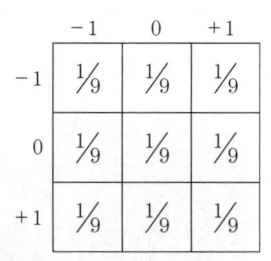

	-1	0	+1
-1	1/9	1/9	1/9
0	1/9	1/9	1/9
+1	1/9	1/9	1/9

図3.14 単純平均値オペレータ

これを単純平均値フィルタのオペレータ，あるいは単に単純平均値オペレータという。中心画素濃度 $V_{new}(i, j)$ は

$$V_{new}(i, j) = \frac{1}{9} \times \sum_{k=-1, 0, +1} \sum_{l=-1, 0, +1} V(i+k, j+l)$$

となる。ただし，画像の端（全周囲）が中心画素となる場合は9点ではなく画

像内部側の6点を，特に中心画素が全体画像の四隅となる場合は4点を部分領域と考え平均値を求める。単純平均値フィルタによる雑音除去ではエッジ付近がぼけてしまうという欠点がある。例えば，図 3.15 のような急激な濃度の変化のある細かな雑音（ごま塩雑音）入りの画像を単純平均値フィルタで処理すると，図 3.16 のようにぼけぼけになってしまう。

図 3.15　ごま塩雑音入りレナ画像 　　図 3.16　単純平均値フィルタ結果

この欠点を補う手法に加重平均値フィルタがある。加重平均値フィルタでは中心画素からの距離に応じた重みを付与する。中心画素に近い画素ほど大きな重みを与え，処理後の新濃度に対する寄与を大きくする。例えば，3×3 の部分領域を考えたとき，図 3.17 のような $w(k, l)$ のオペレータを使用する。図 3.15 の画像に加重平均値フィルタを施した画像を図 3.18 に示す。ぼけ方は図

	-1	0	$+1$
-1	$1/24$	$2/24$	$1/24$
0	$2/24$	$12/24$	$2/24$
$+1$	$1/24$	$2/24$	$1/24$

図 3.17　加重平均値オペレータ　　図 3.18　加重平均値フィルタ結果

3.16 ほどではないが，ごま塩雑音は未除去であり，濃度変化がなめらかな画像向きの手法であることがわかる。

〔2〕 **メディアンフィルタ**　メディアンフィルタ（median filter）は画像中の部分領域，例えば，画素数 $n \times n$ の部分領域において，各濃度を濃度順に整列させ，その中央に位置する濃度を中央画素の濃度とするフィルタである。n として 3 の場合を説明する。n としては 3 から 5 程度が使用される。

図 3.19 左は，中心画素が白（濃度 255）で周囲の 8 近傍画素が暗い灰色だったとき，すなわち，中央画素がごま塩雑音の例である。各濃度を濃度順，ここでは低濃度から高濃度に向けて整列させると

$$49, 49, 49, 50, 50, 51, 51, 51, 255$$

のようになる。このような並びの中央値は 50 であるから，メディアンフィルタを通すことによって，図 3.19 右のように中央画素の濃度が 8 近傍画素と同程度の濃度に変化する。

図 3.19　メディアンフィルタ

図 3.15 のごま塩雑音入り画像をメディアンフィルタで処理すると，**図 3.20** のようになる。メディアンフィルタはエッジのぼけを抑制しつつごま塩雑音を

図 3.20　メディアンフィルタによる雑音除去

除去する手法である。しかし、星空のような写真にメディアンフィルタをかけると星そのものが除去されてしまう。また、尖った形状のエッジ、複雑な形状をした細い線などは、形状に影響が出てしまう。

3.4 特徴抽出

画像認識などの画像処理における特徴抽出としてエッジ検出、ハフ変換、テクスチャ解析、オプティカルフローについて述べる。

3.4.1 エッジ検出

人が画像、そして実際の景色を見るときに、一つのまとまりとして周囲から分離して知覚されるものをオブジェクトという。レナのグレースケール画像（図3.1）でいえば、女性の顔であり、帽子である。画像を認識するためにはオブジェクトを抽出しなければならない。そしてそのためにはオブジェクトのエッジを検出する必要がある。エッジとは、画像中のオブジェクトとオブジェクトの境界あるいはオブジェクトと背景の境界である。エッジ検出のためのフィルタとして、1次差分微分を用いるフィルタと、2次差分微分を用いるフィルタがある。

〔1〕 **1次差分微分フィルタ**　　単純な1次差分微分、Prewittフィルタ、Sobelフィルタについて述べる。

（a）**単純な1次差分微分**　　画素の濃度の空間的変化（勾配）が急なところ、濃度が急激に変化するところがエッジである。よって濃度を表す連続関数を $V(x,y)$ とすれば、その微分係数が大きく変化するところがエッジである。しかし対象とする画像はデジタル化されているから微分はできない。そこで微分を近傍画素の差分で近似する差分微分を用いる。

まずは対象とする画素とそのすぐ隣の画素との1次差分を考える。この場合、着目している画素は二つである。画素 (i,j) の濃度を $V(i,j)$ とすると、1次差分の値は

3.4 特徴抽出

x（水平）方向の差分： $\Delta_x(i,j) = V(i+1,j) - V(i,j)$

y（垂直）方向の差分： $\Delta_y(i,j) = V(i,j+1) - V(i,j)$

となる。ただし，対象画素 (i,j) の右隣の画素を $(i+1,j)$，下の画素を $(i,j+1)$ とする。差分微分演算を行うための近傍画素間の演算を表した表形式の係数の組を，差分微分オペレータという。この場合の1次差分微分オペレータを図 3.21 に示す。

	i	$i+1$
	-1	1

（a）x 方向

j	-1
$j+1$	1

（b）y 方向

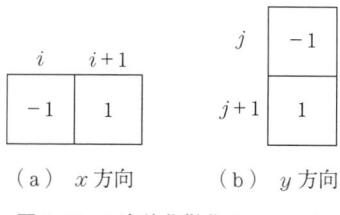

図 3.21 1次差分微分オペレータ

x 方向のオペレータ〔図（a）〕は，左の -1 が $V(i,j)$ に -1 を乗じる係数，右の 1 が $V(i+1,j)$ に $+1$ を乗じる係数であることを示す。これらの係数を乗じた後に和をとれば，求める x 方向の1次差分微分が得られる。これをオペレータに基づき積和をとる，という。y 方向の1次差分微分オペレータである図（b）は，$V(i,j)$ の係数が -1 であり，$V(i,j+1)$ の係数が $+1$ であることを示している。この単純な1次差分微分において，x 方向は $V(i,j)$ と $V(i+1,j)$ の間の座標 $(i+1/2,j)$ が微分点，y 方向は，$V(i,j)$ と $V(i,j+1)$ の間の座標 $(i,j+1/2)$ が微分点となり，標本化の座標とずれてしまう。また隣り合う二つの画素のみに着目しているため，局所的濃度変化に敏感過ぎ，雑音もエッジと判定してしまうという弱点がある。

（b） **Prewitt フィルタ**　前述の単純な1次差分微分は二つの画素のみに着目していたが，二つのみではなく，近傍，例えば 3×3 の9個の画素に領域を拡大し，大局性を加味したフィルタの一つが Prewitt フィルタである。**Prewitt フィルタ**では，座標 (i,j) の画素における1次差分微分を求めるために，図 3.22 のような x 方向と y 方向の差分微分オペレータ（Prewitt オペレータ）を用いる。この Prewitt オペレータから1次差分微分は

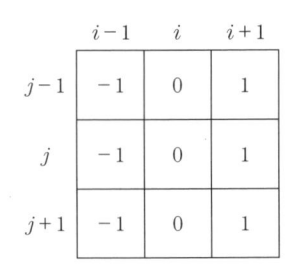

	$i-1$	i	$i+1$
$j-1$	−1	0	1
j	−1	0	1
$j+1$	−1	0	1

（a） x 方向

	$i-1$	i	$i+1$
$j-1$	−1	−1	−1
j	0	0	0
$j+1$	1	1	1

（b） y 方向

図 3.22　Prewitt オペレータ

$$\Delta_x(i,j) = V(i+1, j-1) + V(i+1, j) + V(i+1, j+1)$$
$$- V(i-1, j-1) - V(i-1, j) - V(i-1, j+1)$$
$$\Delta_y(i,j) = V(i+1, j+1) + V(i, j+1) + V(i-1, j+1)$$
$$- V(i+1, j-1) - V(i, j-1) - V(i-1, j-1)$$

となることがわかる。オペレータを見てわかるように，x 方向の差分微分は x 軸に沿った画素の濃度の変化を見ているので，垂直方向である y 軸に沿った画素の濃度の変化を検出できない，すなわち水平方向エッジを検出できない。一方，y 方向の差分微分は垂直方向エッジを検出できない。つまり，x 軸方向のみ，あるいは y 軸方向のみの 1 次差分微分では，その軸に平行なエッジは検出できない。図 3.10（a）の線形濃度変換後の画像に対して，Prewitt フィルタによる x 方向と y 方向の処理結果（エッジ検出）を図 3.23（a），

（a） x 方向 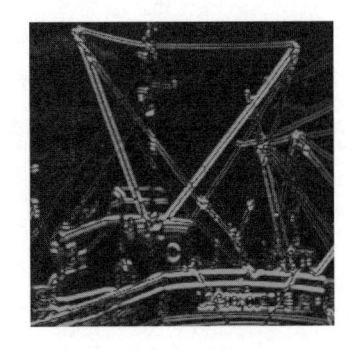　　　　　　　　　（b） y 方向

図 3.23　Prewitt フィルタ結果

(b)に示す。それぞれ垂直エッジ検出が得意の x 方向，水平エッジ検出が得意の y 方向を見てとることができる。

　x 方向，y 方向を同時に考慮するためには $\sqrt{\varDelta_x(i,j)^2+\varDelta_y(i,j)^2}$ を求める。これは画素 (i,j) におけるエッジ強度を表現している。図 3.9（a）のボート原画像のエッジ強度を**図 3.24**（a）に，図 3.10（a）の濃度変換後のボート画像のエッジ強度を図 3.24（b）に示す。濃度変換によるコントラスト改善を行ってからエッジ強度を求めたほうが，エッジが鮮明になっていることがわかる。

　　　　（a）原　画　像　　　　　　（b）濃度変換後画像

図 3.24　Prewitt フィルタによるエッジ強度

（c）**Sobel フィルタ**　　**Sobel フィルタ**は，Prewitt フィルタに比べオペレータの中央に重みづけをしたものでよく使用される。Sobel フィルタでは，対象画素とそれを中心とした周辺 8 近傍の画素（3×3）の計 9 個の画素に着目し，その中の 2×2 の 4 個の部分領域を平均して差分微分する。差分微分をとる範囲が隣同士のみでないので，濃度変化がそれほど急激でないエッジも検出できる。

　図 3.25 にあるように，3×3 の 9 個の画素の中で，A1, A2, B1, B2 の四つの 2×2 の部分領域を考え，まず，それら部分領域における平均濃度を求める。

$$（\text{A1 の平均濃度}）=\frac{1}{4}\{V(i+1,\ j-1)+V(i+1,\ j)+V(i,\ j-1)+V(i,j)\}$$

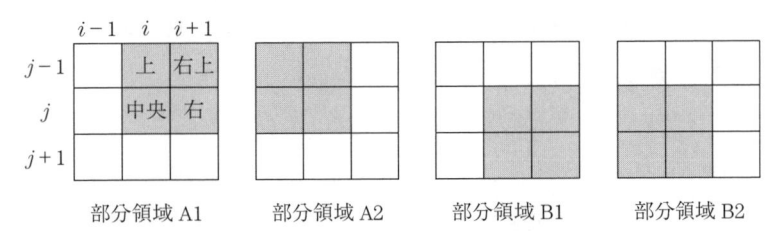

部分領域 A1　　　部分領域 A2　　　部分領域 B1　　　部分領域 B2

図 3.25　Sobel オペレータの部分領域

$$(\text{A2 の平均濃度}) = \frac{1}{4}\{V(i-1, j-1) + V(i-1, j) + V(i, j-1) + V(i,j)\}$$

$$(\text{B1 の平均濃度}) = \frac{1}{4}\{V(i+1, j+1) + V(i+1, j) + V(i, j+1) + V(i,j)\}$$

$$(\text{B2 の平均濃度}) = \frac{1}{4}\{V(i-1, j) + V(i-1, j+1)) + V(i, j+1) + V(i,j)\}$$

そして x 方向の差分微分をつぎのように求める。

$$\Delta_x(i,j) = 4 \times \{(\text{A1 の平均濃度}) - (\text{A2 の平均濃度})$$
$$+ (\text{B1 の平均濃度}) - (\text{B2 の平均濃度})\}$$
$$= V(i+1, j-1) + 2V(i+1, j) + V(i+1, j+1)$$
$$- V(i-1, j-1) - 2V(i-1, j) - V(i-1, j+1) \quad (3.33)$$

4 倍するのは係数を整数にするためである。よって，x 方向のオペレータは図 3.26 (a) のようになる。同様にして，y 方向の差分微分は

$$\Delta_y(i,j) = V(i+1, j+1) + 2V(i, j+1) + V(i-1, j+1)$$
$$- V(i+1, j-1) - 2V(i, j-1) - V(i-1, j-1)$$

	$i-1$	i	$i+1$
$j-1$	-1	0	1
j	-2	0	2
$j+1$	-1	0	1

（a）　x 方向

	$i-1$	i	$i+1$
$j-1$	-1	-2	-1
j	0	0	0
$j+1$	1	2	1

（b）　y 方向

図 3.26　Sobel オペレータ

となる。よって y 方向のオペレータは図（b）のようになる。

この Sobel オペレータは係数を整数化するため値を4倍している〔式(3.33)〕ので，画像濃度が0から255の場合，最大値は $4 \times 255 = 1\,020$ となってしまう。よって Sobel フィルタ結果を濃度0から255で表示させる場合には4で割るという処理をする必要がある。図3.10（a）の画像の Sobel フィルタの x 方向，y 方向の処理結果（エッジ検出）を図 3.27（a），（b）に示す。

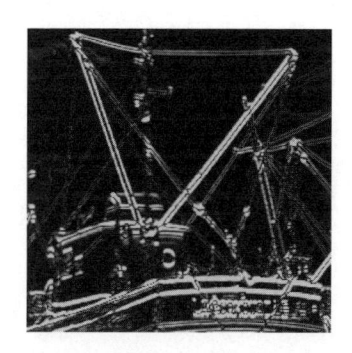

（a） x 方向　　　　　　　（b） y 方向

図 3.27　Sobel フィルタ結果

Sobel フィルタにおいても，x 方向と y 方向を両方とも考慮に入れたエッジ強度は $\sqrt{\varDelta_x(i,j)^2 + \varDelta_y(i,j)^2}$ である。

〔2〕**2 次差分微分フィルタ**　　2次差分微分フィルタとそれをベースにしたラプラシアン，そして鮮鋭化フィルタについて述べる。

（a）**2 次差分微分**　　まず x 方向の1回目の差分（1次差分微分）を
$$\varDelta_{x1}(i,j) = V(i+1,\ j) - V(i,j)$$
としよう。2次差分微分はこの1次差分微分の結果をさらに差分微分する。x 方向の2次差分微分は $\varDelta_{x1}(i,j)$ と $\varDelta_{x1}(i-1,\ j)$ とで行う。

$$\begin{aligned}
\varDelta_{x2}(i,j) &= \varDelta_{x1}(i,j) - \varDelta_{x1}(i-1,\ j) \\
&= \{V(i+1,\ j) - V(i,j)\} - \{V(i,j) - V(i-1,\ j)\} \\
&= V(i+1,\ j) - 2V(i,j) + V(i-1,\ j)
\end{aligned} \quad (3.34)$$

同様に y 方向の2次差分微分はつぎにようになる。

$$\Delta_{y2}(i,j) = V(i, j+1) - 2V(i,j) + V(i, j-1) \tag{3.35}$$

（b） ラプラシアン　　ラプラシアン（ラプラスフィルタ）は2次差分微分の x 方向〔式 (3.34)〕と y 方向〔式 (3.35)〕の和をとる。

$$\Delta_{4L}(i,j) = V(i+1, j) + V(i, j+1) - 4V(i,j) + V(i-1, j) \\ + V(i, j-1) \tag{3.36}$$

よってこのオペレータは図 3.28 のようになる。

	$i-1$	i	$i+1$
$j-1$	0	1	0
j	1	-4	1
$j+1$	0	1	0

	$i-1$	i	$i+1$
$j-1$	1	1	1
j	1	-8	1
$j+1$	1	1	1

図 3.28　4 方向ラプラシアンオペレータ　　図 3.29　8 方向ラプラシアンオペレータ

このラプラシアンは，4 方向（上下・左右）を考慮したものとなっている。オペレータの導出過程で x 方向と y 方向の和をとっているので，ラプラシアンには方向性がない，すなわちスカラ量である。

また，ラプラシアンには 45° 方向も考慮に入れた 8 方向（上下・左右・ななめ）のものもあり，そのオペレータは図 3.29 のようである。

このオペレータに基づいた画素 (i,j) におけるラプラシアンの計算結果は

$$\Delta_{8L} = V(i+1, j+1) + V(i+1, j) + V(i, j+1) + V(i+1, j-1) \\ -8V(i,j) + V(i-1, j) + V(i, j-1) + V(i-1, j-1) \\ + V(i-1, j+1) \tag{3.37}$$

となる。8 方向のラプラシアンでは検出エッジがより強調される。図 3.10 (a) の画像に対する 4 方向と 8 方向ラプラシアンの結果を図 3.30 (a), (b) に示す。

（c） 鮮鋭化フィルタ　　原画像の画素濃度から 2 次差分微分値を減じる，あるいはラプラシアン値を減じることにより，エッジを強調した画像を得るこ

3.4 特徴抽出　　113

　　　　(a) 4方向　　　　　　　　(b) 8方向

　　　　　　　図 3.30　ラプラシアン結果

とができる。このような機能をもつフィルタを鮮鋭化フィルタという。

　実際に，レナのグレースケール画像（図 3.1）を単純平均値フィルタによりぼかし（図 3.31），それを 8 方向のラプラシアンを使用した鮮鋭化フィルタで処理した結果を図 3.32 に示す。鮮鋭化フィルタによりエッジが強調されていることがわかる。

　図 3.31　単純平均値フィルタに　　　図 3.32　エッジ強調
　　　　　　よるぼかし

　これまでの差分微分フィルタの効果のイメージを図 3.33 に示す。図の最下部が鮮鋭化フィルタであり，（原画像の画素濃度）−（2 次差分微分）により，エッジを強調できることがわかる。

　なお，図 3.33 において用いた 1 次差分微分オペレータを図 3.34 に，2 次差

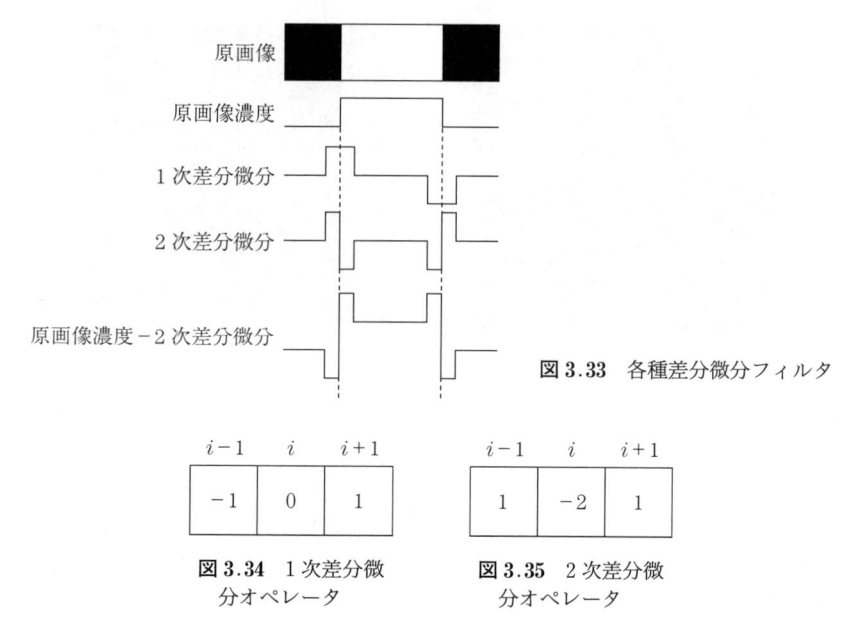

114   3. 画像メディア

図 3.33 各種差分微分フィルタ

図 3.34 1次差分微分オペレータ

図 3.35 2次差分微分オペレータ

分微分オペレータを**図 3.35** に示す。

3.4.2 ハフ変換

直線的な特徴を抽出する手法にポール・ハフ (Paul Hough) の 1962 年の発明にその名称の起源をもつ**ハフ変換** (Hough transform) がある。

xy 空間における直線に原点から垂線を下ろし,その長さを ρ_0, x 軸とのなす角を θ_0 とすると,直線は

$$\rho_0 = x \cos \theta_0 + y \sin \theta_0 \tag{3.38}$$

と表せる (**図 3.36**)。式 (3.38) の導出としては,直線上の任意の点を (x_0, y_0) とし, $\rho_0 = \rho_1 + \rho_2$ としてみよう (**図 3.37**)。図より, $\rho_1 = x_0 \cos \theta_0$ かつ $\rho_2 = y_0 \sin \theta_0$ であるから, $\rho_0 = \rho_1 + \rho_2 = x_0 \cos \theta_0 + y_0 \sin \theta_0$ となる。

垂線が x 軸の下, $y < 0$ の領域にあるときは $\rho_0 < 0$ とし $0 \leq \theta_0 < \pi$ とすると,ある直線に対する ρ_0 と θ_0 の組は一意に定まる。 $\theta\rho$ 空間を考えると, xy 空間内の直線は $\theta\rho$ 空間内の一つの点として表現される。 $\theta\rho$ 空間をハフ空間と呼

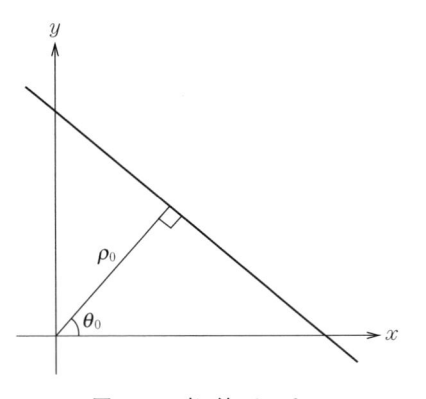

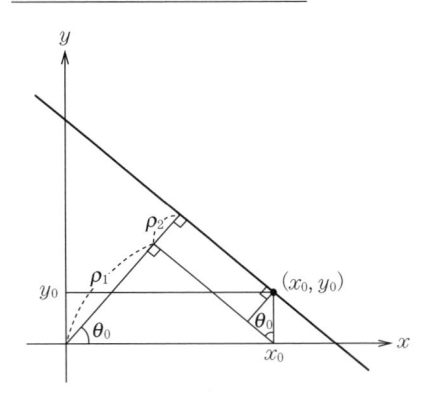

図 3.36 直線と $\theta_0 \rho_0$

図 3.37 式 (3.38) の導出

び，xy 空間における直線をハフ空間における一点に変換することをハフ変換という。

一方，xy 空間におけるある点 (x_0, y_0) を通る任意の直線は

$$\rho = x_0 \cos\theta + y_0 \sin\theta \tag{3.39}$$

と表現され，この式を満たす直線，すなわち点 (x_0, y_0) を通る直線は無限本存在し（**図 3.38**），無限本の直線のそれぞれに対して (θ, ρ) の組が一つ定まる。$\theta\rho$ 空間に式 (3.39) を満たす (θ, ρ) をプロットしていくと，それは 1 本の正弦曲線となる。

さて，点 (x_0, y_0) として**図 3.39** における 4 点 A, B, C, D を考え，各点を通る無限本の直線に対応する $\rho = x_0 \cos\theta + y_0 \sin\theta$ を満たす (θ, ρ) をハフ空間中にプロットしていくと**図 3.40** のような 4 本の正弦曲線となる。そしてハフ

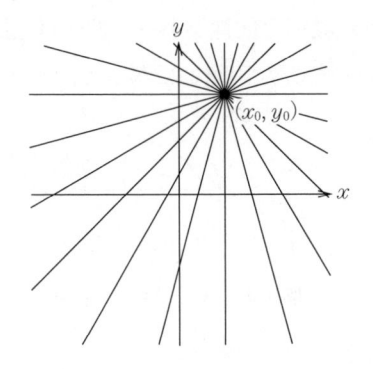

図 3.38 点 (x_0, y_0) を通る直線群

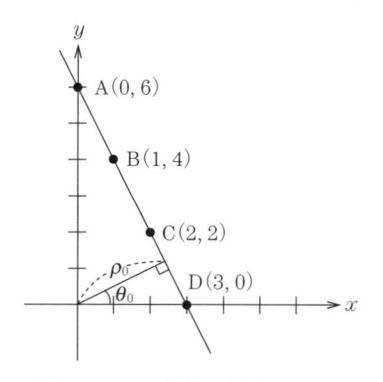

図 3.39　xy 空間の直線とその上の 4 点

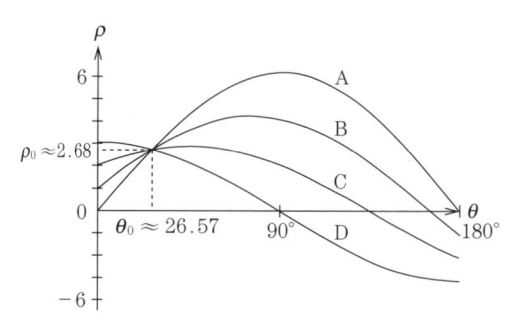

図 3.40　$\theta\rho$ 空間における正弦曲線

空間内における 4 本の正弦曲線の交点は，図 3.39 の xy 空間における点 A, B, C, D を通る直線 $\rho_0 = x\cos\theta_0 + y\sin\theta_0$ に対応する．ここで，$\theta_0 \approx 26.565$，$\rho_0 = 6/\sqrt{5} \approx 2.68328$ である．

よって画像に対してエッジ検出をしておき，xy 空間のエッジ上の各点をハフ変換により，$\theta\rho$ 空間内の正弦曲線に変換する．直線エッジが存在すれば，その直線に対応する $\theta\rho$ 空間内の交点部分を多くの正弦曲線が通る．そこで，$\theta\rho$ 空間内の各点（交点）に関し，そこを通る正弦曲線の本数を積算し，あるしきい値を超える点（交点）は xy 空間の直線に対応すると判断し，その点（交点）の θ と ρ から xy 空間の直線の式を求める，すなわち，直線エッジを検出することができる．

直線の数の多い少ないが，その画像の特徴を表すと考えると，ハフ変換による角張った画像と丸みを帯びた画像の識別可能性がある．例えば，図 3.41，図 3.42 のように角ばった画像と丸みを帯びた画像とに関して，ハフ変換によ

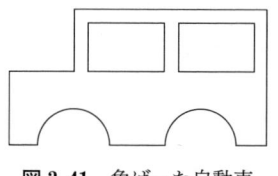

図 3.41　角ばった自動車

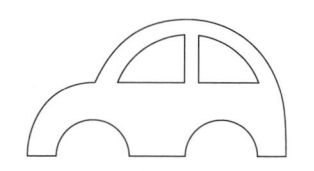

図 3.42　丸みを帯びた自動車

り求めた直線を赤線表示する（口絵11，口絵12）。このようにハフ変換により求めた直線の本数の多い少ないによって画像の特徴づけをすることができる。

3.4.3　テクスチャ解析

エッジ検出は画像内の形状識別のためであったが，画像内の模様が重要な画像特徴となることもある。テクスチャは元来，織物生地の感触を意味しており，そこから各種物体の表面の質感のことを意味するようになった。よって日常生活では木目調のテクスチャ，金属的なテクスチャなどといったりする。画像において，テクスチャはその質感であり，2次元的な繰返しパターンの有無やその大きさ，パターン内の黒，白，グレーの混入具合などがテクスチャに関係する。画像のもつテクスチャを数値的に解析することを**テクスチャ解析**（texture analysis）という。

例えば，図3.43の3枚の画像において，濃度の平均値や濃度ヒストグラムは同じであるが，テクスチャは異なる。

図3.43　白黒パターン

テクスチャは画像の模様と関係するから，相対的な位置関係が同じ画素2点（画素対）の間の統計的性質でテクスチャ特徴を表現できる。ここでは濃度共起行列を用いた統計的なテクスチャ解析について述べる〔文献6)〕。

〔1〕　**濃度共起行列**　2次元座標がそれぞれ (i,j) と (m,n) の二つの画素（画素対）の位置関係（変位）を，たがいの距離 ρ と角度 θ で表現する（図3.44）。いま，画像をグレースケール画像とし，座標 (i,j) の画素の濃度を u，座標 (m,n) の画素の濃度を v とすると，画素対 (i,j)-(m,n) は濃度対 (u,v) にあるという。濃度が L 階調であるとき，ρ,θ をパラメータと

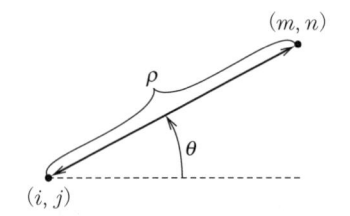

図 3.44 画素対の変位

し†，すべての濃度対 (u,v) に関して度数（画素対の個数）を計算し，度数を要素とする濃度対 $(0,0)$〜$(L-1, L-1)$ の $L \times L$ 行列（濃度対行列）を求める。この濃度対行列の各要素 $B_{\theta,\rho}(u,v)$ を全画素対の数で割れば，行列要素は，位置関係が距離 ρ と角度 θ の二つの画素同士の濃度対が (u,v) である確率 $P_{\theta,\rho}(u,v)$ となる。この $P_{\theta,\rho}(u,v)$ を要素とする $L \times L$ の行列を濃度共起行列という。定義より $P_{\theta,\rho}(u,v)=P_{\theta,\rho}(v,u)$ である。計算量が膨大になることを防ぐため，通常，階調数は 256 ではなく，8〜16 程度とし，θ は 0°, 45°, 90°, 135° の 4 方向とする。

例えば，各画素の濃度（4 階調 $0,1,2,3$）が図 3.45 のような 4 画素×4 画素の画像があったとしよう。ρ を 1 とし，θ を 0°, 45°, 90°, 135° としたときの濃

$$B_{0°,1} = \begin{bmatrix} 4 & 3 & 2 & 1 \\ 3 & 4 & 0 & 0 \\ 2 & 0 & 2 & 0 \\ 1 & 0 & 0 & 2 \end{bmatrix}$$
（a） $\theta = 0°$

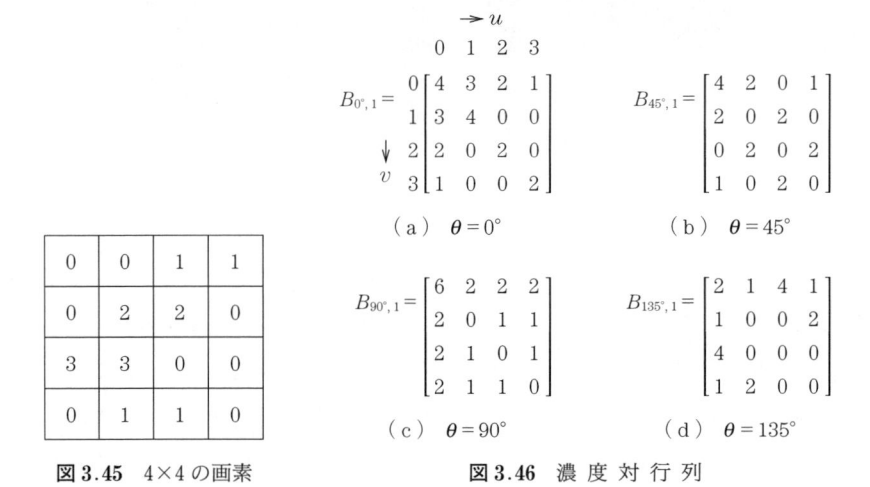

$$B_{45°,1} = \begin{bmatrix} 4 & 2 & 0 & 1 \\ 2 & 0 & 2 & 0 \\ 0 & 2 & 0 & 2 \\ 1 & 0 & 2 & 0 \end{bmatrix}$$
（b） $\theta = 45°$

$$B_{90°,1} = \begin{bmatrix} 6 & 2 & 2 & 2 \\ 2 & 0 & 1 & 1 \\ 2 & 1 & 0 & 1 \\ 2 & 1 & 1 & 0 \end{bmatrix}$$
（c） $\theta = 90°$

$$B_{135°,1} = \begin{bmatrix} 2 & 1 & 4 & 1 \\ 1 & 0 & 0 & 2 \\ 4 & 0 & 0 & 0 \\ 1 & 2 & 0 & 0 \end{bmatrix}$$
（d） $\theta = 135°$

0	0	1	1
0	2	2	0
3	3	0	0
0	1	1	0

図 3.45 4×4 の画素濃度

図 3.46 濃度対行列

† 例えば，角度 θ を 45°，距離 $\rho=1$ とした場合，45° 方向にある間隔 1 の関係にある全画素対について計算する。

度対行列は**図 3.46**（a）〜（d）のようになる。濃度は 4 階調 $0, 1, 2, 3$ だから，濃度対行列は 4×4 となる。

濃度対行列の要素を二つほど求めてみよう。

（1）$\theta = 0°$ 方向の濃度対 $u=0, v=0$ の要素　水平垂直方向の場合，隣同士の距離は 1 とする。図 3.45 において濃度 0 が 0° 方向，すなわち左右に二つ並んでいるのは 2 組ある。u, v を逆転した対もカウントするので，図 3.46（a）の行列の $(0, 0)$ 要素は 4 となる。

（2）$\theta = 45°$ 方向の濃度対 $u=2, v=3$ の要素と濃度対 $u=3, v=2$ の要素　斜め方向の場合，隣同士の画素の距離は水平垂直方向に比べ長いが，$\rho = 1$ の斜め方向とは，斜め方向の隣同士の画素とする。図 3.45 において濃度 2 と 3 が $\rho=1$ の間隔で斜め 45° に並んでいるのは 2 組ある。よって，図 3.46（b）の行列の $(2, 3)$ 要素と $(3, 2)$ 要素はともに 2 となる。

図 3.46 の濃度対行列の要素は濃度対の頻度であり，確率とするためには要素対の総数で除する必要がある。この例の場合，$\theta = 0°, 90°$ 方向は 24 で，$\theta = 45°, 135°$ 方向は 18 で割ったものが濃度共起行列要素 $P_{\theta, \rho}(u, v)$ となる。

〔2〕 **テクスチャ特徴**　濃度共起行列から導出される特徴には各種あるが，よく使用される特徴は，コントラスト，一様性，相関，エントロピーの 4 種類である。これらを用いて，画像における周期性，一様性，方向性，乱雑度などの特徴を抽出する。各特徴の特性を見るために，**図 3.47** のようなパターンを例として使用する。

図 3.47 は見やすくするために枠があるが，特徴量を計算する際には枠がないものを使用している。黒，濃い灰色（濃），淡い灰色（淡），白の濃度はそれぞれ $0, 95, 175, 255$ である。本テクスチャ解析処理では濃度ヒストグラムを 16 階調としているので，図 3.47（h）の白色雑音は濃度 $0, 16, 32, \cdots, 240$ の 16 階調を均等に分散させた。白色雑音のみ 128×128 画素であり，それ以外は 120×120 画素である。

以降，コントラスト，一様性，相関，エントロピーについて述べる。

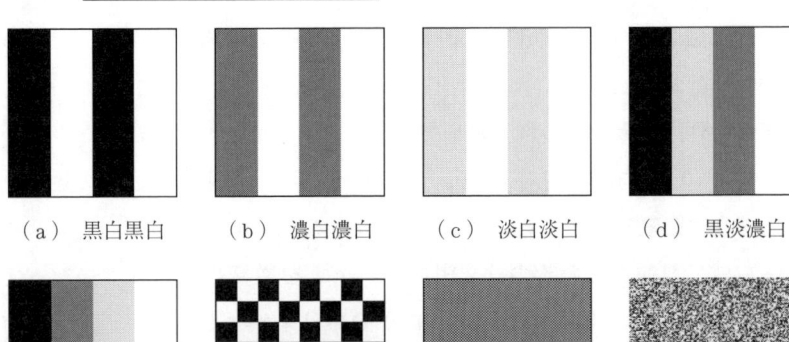

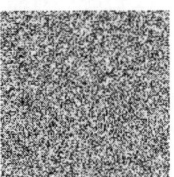

(a) 黒白黒白　　(b) 濃白濃白　　(c) 淡白淡白　　(d) 黒淡濃白

(e) 黒濃淡白　　(f) 黒白格子 8×8　　(g) 黒白格子 120×120　　(h) 白色雑音

図 3.47　パターン例

(1) コントラスト（慣性ともいう）　定義は

$$p_{con} = \sum_{|u-v|=0}^{L-1} (u-v)^2 \left\{ \sum_{u=0}^{L-1} \sum_{v=0}^{L-1} P_{\theta,\rho}(u,v) \right\} \tag{3.40}$$

であり，図3.47(a)〜(e)，(h)の4方向($\rho=1$)のコントラストを**図3.48**に示す。

式(3.40)からもわかるように，濃度差の大きい画素対が多いとコントラストは大きな値となる。一方向の全画素が同一濃度ならばその方向のコントラストは最小値の0となる。図3.47(a)〜(e)の1行4列のパターンの90°方向は，全画素が同一濃度のためコントラストは0となる。灰色が存在しない，白と黒の2種類の濃度のみの画像のコントラストのほうが大きくなっている。$\rho=1$であるから，白色雑音のコントラストが一番大きくなっている。

(2) 一様性（エネルギーともいう）　定義は

$$p_{uni} = \sum_{u=0}^{L-1} \sum_{v=0}^{L-1} (P_{\theta,\rho}(u,v))^2 \tag{3.41}$$

であり，図3.47(a)〜(e)，(h)の4方向の一様性($\rho=1$)を**図3.49**に

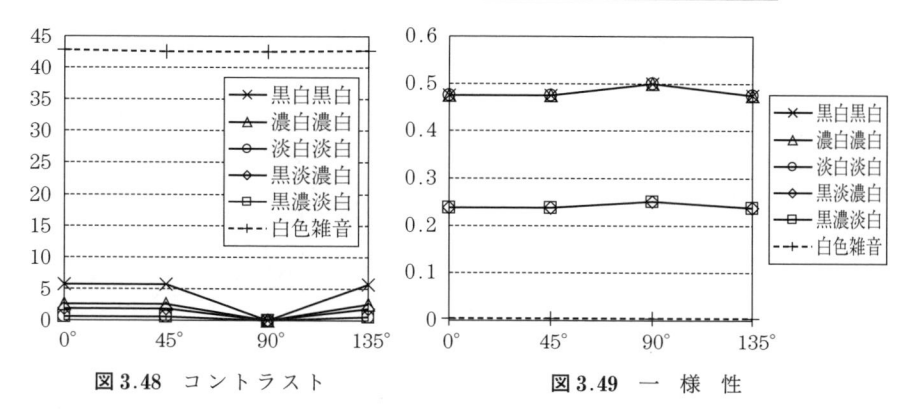

図 3.48 コントラスト   **図 3.49** 一様性

示す。

式 (3.41) から，濃度共起行列の各要素値すなわち濃度対の生起確率に偏りがある場合，一様性は大きな値をとる。例えば画像が黒一色，白一色のように濃度一定ならば，濃度共起行列の一つの要素以外は 0 となり，一様性は最大の 1 となる。図 3.47 の 1 行 4 列の画像（a）〜（e）において，黒白，濃白，淡白など 2 種類の濃度のみの場合は，0.5 程度，濃い灰色，淡い灰色が入り，4 種類の濃度になると 0.25 程度と一様性は低くなる。最も生起確率の偏りが少ない白色雑音の一様性はこの例の場合，0.0039 という 0 に近い値となる。

（3）相 関　定義は

$$p_{cor} = \frac{\sum_{u=0}^{L-1}\sum_{v=0}^{L-1} uv P_{\theta,\rho}(u,v) - \mu_u \mu_v}{\sigma_u \sigma_v} \tag{3.42}$$

ここで，μ_u, μ_v は平均

$$\mu_u = \sum_{u=0}^{L-1} u \sum_{v=0}^{L-1} P_{\theta,\rho}(u,v), \quad \mu_v = \sum_{v=0}^{L-1} v \sum_{u=0}^{L-1} P_{\theta,\rho}(u,v)$$

σ_u, σ_v は分散

$$\sigma_u^2 = \frac{1}{L}\sum_{u=0}^{L-1}(u-\mu_u)^2 \sum_{v=0}^{L-1} P_{\theta,\rho}(u,v),$$

$$\sigma_v^2 = \frac{1}{L}\sum_{v=0}^{L-1}(v-\mu_v)^2 \sum_{u=0}^{L-1} P_{\theta,\rho}(u,v)$$

図 3.50 相 関

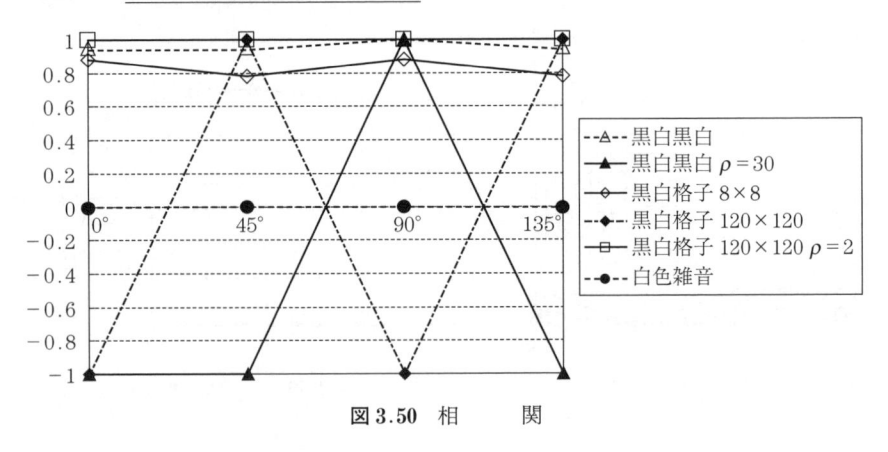

であり，図 3.47（a），（f）〜（h）の相関を **図 3.50** に示す．

図 3.50 において▲は $\rho=30$，□は $\rho=2$ の場合であり，それ以外は $\rho=1$ である．式 (3.42) から濃度共起行列の対角要素に生起確率が偏る，すなわち同一濃度（$u=v$）の濃度対が多数の場合，相関は 1 に近づく．そして，対角要素から遠い要素に生起確率が偏る，すなわち濃度差の大きな濃度対が多数の場合は -1 に近づく．同一濃度の画素対しか存在しない場合，相関は 1 となる．よって，図 3.47（a）の黒白黒白パターンの 90°方向，図 3.47（g）の $\rho=1$ の 45°方向と 135°方向，そして図 3.47（g）の $\rho=2$ の全方向は（白 - 白）対か（黒 - 黒）対しか存在しないため，相関は 1 となる．一方，濃度差の最も大きな濃度対である（白 - 黒）対あるいは（黒 - 白）対しか存在しない場合は，図 3.47（g）の 0°，90°方向（$\rho=1$）と図 3.47（a）の 0°，45°，135°方向（$\rho=30$）に相当し，-1 となる．このように相関は θ, ρ の値をパラメータとする画像の周期性と関係する．白色雑音において各濃度対は均等に分布しているから，周期性はなく，各方向の相関は $-0.008 \sim -0.0014$ とその絶対値はきわめて小さい．

（4） エントロピー 定義は

$$p_{ent} = -\sum_{u=0}^{L-1}\sum_{v=0}^{L-1} P_{\theta,\rho}(u,v) \log P_{\theta,\rho}(u,v) \tag{3.43}$$

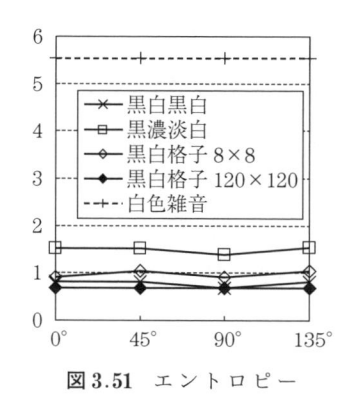

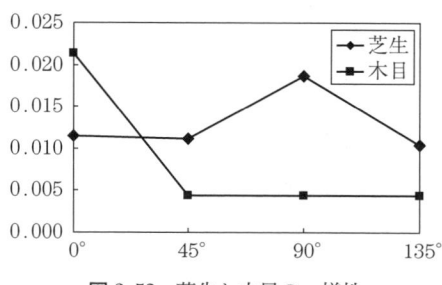

図 3.51 エントロピー　　　　**図 3.52** 芝生と木目の一様性

であり，図 3.47 (a), (e)〜(h) のエントロピー ($\rho=1$) を**図 3.51**に示す．

　エントロピーは，濃度共起行列の各要素値が均等に偏りなく分布しているときに大きな値をとる．全画素が同じ濃度，例えば黒一色，白一色ならば最小値の 0 となる．そして黒一色あるいは白一色からだんだんと各種の濃度が混入し，パターンが細かく複雑になるにつれてエントロピーは増大する．各種の濃度が多数混入し，雑然とした感じの白色雑音のエントロピーが最も大きい．

　以上，4 種類の特徴について見てきた．濃度共起行列によるテクスチャ解析のこれら 4 種類の特徴量は，画素間の相対的距離に依存する．つまり，θ が同じ方向でも，ρ を 1 にするか 10 にするか 30 にするかで解析結果が異なるため，種々の ρ について計算する必要がある．

　さて，実際の写真（**口絵 13**，**口絵 14**）に対して一様性を求めた結果を**図 3.52**に示す（$\rho=1$）．

　木目は 0° 方向の値が大きく，芝生は 90° 方向の値が大きいことがわかる．すなわち，同濃度の画素対が多い方向に関して，一様性の値が大きくなることがわかる．カラー写真の濃度共起行列を求めるときは，グレースケール画像に変換し，コントラスト改善〔例えばヒストグラム平坦化 (3.3.1 項〔2〕)〕を行う．

3.4.4 オプティカルフロー

動画像内の物体の動きを検出する手法に**オプティカルフロー**（optical flow）がある。オプティカルフローは，動画像中の画素の濃度情報を用いて物体の動きを解析し，後述する速度ベクトルによって物体の動きを表現する。そのため，物体が実際に動いたのか，光源が動いたのかは判定できないということで，見かけの動き（速度ベクトル）の検出手法である。見かけの動きである速度ベクトルをオプティカルフローベクトルという。

動画は静止画がつぎつぎと切り替わることにより，人の眼に動きがあるように見せている。この一枚一枚の静止画のことをフレーム画像という。例えば，30 フレーム/秒（fps）の動画というのは 1 秒間にフレーム画像が 30 枚切り替わる動画ということである。オプティカルフローでは連続したフレーム画像を解析対象とする。

オプティカルフローには大きく二つの手法がある。一つは，フレーム画像を一定の大きさの領域（ブロック）で縦横に分割し，あるブロックをテンプレートとし，テンプレートの濃度は一定であるという仮定の下に，後続のフレーム画像全体を検索し，濃度が最も類似するブロックを発見し，その動きから速度ベクトルを求めるブロックマッチング法である。もう一つは，画素の濃度の空間的・時間的変化によって画素の動きを追跡し，速度ベクトルを求める勾配（グラディエント）法である。勾配法では，フレーム画像間の対応づけはせずに，時間と空間に関する濃度勾配の拘束条件から速度ベクトルを求める。ここでは勾配法の中でも基本的な Lucas-Kanade 法によるオプティカルフロー推定について述べる〔文献 5）〕。

動画中のあるフレーム画像中のある画素 (x, y) に着目し，その画素の時刻 t における濃度を $I(x, y, t)$，微小時間 Δt 経過後の着目画素の移動先位置を $(x+\Delta x, y+\Delta y)$ とする。そして「微小時間 Δt 経過しても着目画素の濃度は変化しない」という仮定をおくと

$$I(x, y, t) = I(x+\Delta x, y+\Delta y, t+\Delta t) \tag{3.44}$$

が成り立つ。

着目画素の濃度が x, y, t に関してなめらかに変化するならば，式 (3.44) の右辺はつぎのようにテイラー級数展開できる．

$$I(x, y, t) = I(x, y, t) + \Delta x \frac{\partial I}{\partial x} + \Delta y \frac{\partial I}{\partial y} + \Delta t \frac{\partial I}{\partial t} + HOT \quad (3.45)$$

ここで HOT は $\Delta x, \Delta y, \Delta t$ の 2 次以上の高次の項であり，これを微小であるとして切り捨てた後，式 (3.45) の両辺を Δt で割ると

$$\frac{\Delta x}{\Delta t} \frac{\partial I}{\partial x} + \frac{\Delta y}{\Delta t} \frac{\partial I}{\partial y} + \frac{\partial I}{\partial t} = 0 \quad (3.46)$$

となる．ここで $\Delta t \to 0$ とすると

$$\frac{\partial I}{\partial x} \frac{dx}{dt} + \frac{\partial I}{\partial y} \frac{dy}{dt} + \frac{\partial I}{\partial t} = 0 \quad (3.47)$$

となる．画素 (x, y) におけるオプティカルフローベクトル（速度ベクトル）V を

$$V = \begin{bmatrix} u \\ v \end{bmatrix} \quad \left(\frac{dx}{dt} = u, \ \frac{dy}{dt} = v \right)$$

のように定義すると（u が x 方向の速度ベクトル成分，v が y 方向の速度ベクトル成分）

$$I_x(x, y, t) u + I_y(x, y, t) v + I_t(x, y, t) = 0 \quad (3.48)$$

が成り立つ．添字は偏微分を意味し，I_x, I_y は画素濃度の空間勾配，I_t は画素濃度の時間勾配である．この式 (3.48) はオプティカルフローの拘束式といわれる．この式は二つの未知数 u, v を含むため，このままでは解である各画素におけるベクトル成分が一意に定まらない．そこでオプティカルフローベクトル V は局所領域においては一定である，すなわち，局所領域におけるオプティカルフロー拘束式は同一の解をもつ，という仮定をさらに追加する．よって，着目画素の近傍領域の画素（近傍画素）においても，着目画素と同一のオプティカルフローベクトル V の拘束式を立てることができる．そこで，画素数 n の着目画素を含む近傍画素領域を考え，つぎのような近傍画素領域における連立式を立てる．

$$\begin{bmatrix} I_x(x_1, y_1, t), & I_y(x_1, y_1, t) \\ & \cdots \\ I_x(x_i, y_i, t), & I_y(x_i, y_i, t) \\ & \cdots \\ I_x(x_n, y_n, t), & I_y(x_n, y_n, t) \end{bmatrix} \begin{bmatrix} u \\ v \end{bmatrix} = \begin{bmatrix} -I_t(x_1, y_1, t) \\ \cdots \\ -I_t(x_i, y_i, t) \\ \cdots \\ -I_t(x_n, y_n, t) \end{bmatrix} \quad (3.49)$$

ここで

$$A = \begin{bmatrix} I_x(x_1, y_1, t), & I_y(x_1, y_1, t) \\ & \cdots \\ I_x(x_i, y_i, t), & I_y(x_i, y_i, t) \\ & \cdots \\ I_x(x_n, y_n, t), & I_y(x_n, y_n, t) \end{bmatrix}, \quad b = \begin{bmatrix} -I_t(x_1, y_1, t) \\ \cdots \\ -I_t(x_i, y_i, t) \\ \cdots \\ -I_t(x_n, y_n, t) \end{bmatrix}$$

とおくと，式 (3.49) は $AV=b$ と書ける．

つぎに最小二乗法により誤差が最小となる V を求め，それを着目画素におけるオプティカルフローベクトルと推定する．

最小二乗法による誤差は $\varepsilon = \sum_{i=1}^{n} (A_i V - b_i)^2$ で表される．ここで誤差 ε を V に関する 2 次関数と考え，これの最小問題を極値問題に帰着させる．よって ε を V で微分した値を 0 とすると $A^t A V - A^t b = 0$ となる．これを解くことにより，ε を最小にする $V = (A^t A)^{-1} A^t b$ が求まる．これの行列表現は

$$\begin{bmatrix} u \\ v \end{bmatrix} = \begin{bmatrix} \sum I_{x_i}^2 & \sum I_{x_i} I_{y_i} \\ \sum I_{x_i} I_{y_i} & \sum I_{y_i}^2 \end{bmatrix}^{-1} \begin{bmatrix} -\sum I_{x_i} I_{t_i} \\ -\sum I_{y_i} I_{t_i} \end{bmatrix} \quad (3.50)$$

となる．各 $\sum$ は $\sum_{i=1}^{n}$ であり，時刻 t の画素 (x, y) におけるオプティカルフローベクトル u, v を推定することができる．

Lucas-Kanade 法の動画への適用例を**口絵15**に，その原フレーム画像を**図 3.53**に示す．この動画は 30 fps，着目画素を含む近傍画素領域は縦横 8 ピクセルの 64 画素，Δt は 3 フレーム分とした．赤線が速度ベクトルであり，長いほうがより大きな動きである．波頭の部分には速度ベクトルが現れるが，動きのない砂浜の部分はベクトル値がゼロであることがわかる．このようにオプテ

図 3.53　原フレーム画像

ィカルフローを求めることにより，動画像内における物体の動きの様子を知ることができる．

　勾配法の一つである Lucas-Kanade 法は，ブロックマッチング法と比較し，画像内の対応する画素を検索する処理がないため，計算量が少なくて済むという利点がある．一方，近傍画素数 n を小さくとると，領域内のフロー一定という仮定は満足されるが，動きが大きい場合に誤差が大きくなる．また，n を大きくとると画素数が多くなるので処理時間が長くなるとともに，近傍領域が大きくなるため仮定を満たさない画素も存在するようになり，得られたオプティカルフローの精度が低下する．また濃度が急激に変化するエッジ付近では誤差が大きく，また雑音に弱い．

　プログラム作成にあたっては，ライブラリ関数を用いてオプティカルフローを計算することができる．例えば，OpenCV〔文献7〕にはブロックマッチング法，勾配法（複数種類）によるオプティカルフローを求めるためのライブラリ関数が用意されている．

　以上，画像メディアの処理技術について述べた．色は画像の基本であるため，色に関連する技術である表色系について詳しく述べた．また画像メディアの前処理であるコントラスト改善と雑音除去，そしてエッジ検出，ハフ変換，テクスチャ解析，オプティカルフローといった特徴抽出について述べた．

4 音メディア

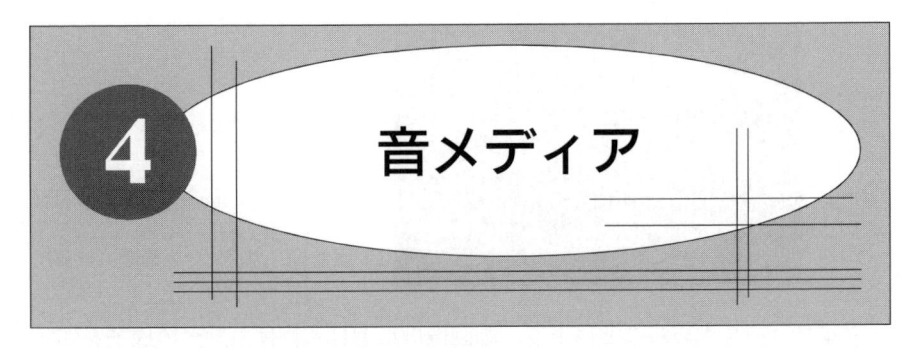

　音には，人の声，音楽，自然の音などがある。自然の音というのは，生物の鳴き声，波や滝の音，雷や風の音などである。音の情報処理研究は，音声合成，音声認識といった人の声の処理研究から発展した。そこで，本章では，まず音について説明した後，音声の処理に用いられた手法から出発し，音の各種特徴，音の種別判定の説明へと進んでいく。

4.1 音の基本

　本書では，人の耳に聴こえる音を対象とする。人の耳には聴こえないが存在する音，例えばこうもりには聴こえる音（超音波）などもあるが，それは本書の対象外である。

　音は媒体の振動が伝わっていくものであり，通常は空気が媒体となることが多い。媒体の振動の1秒当りの振動回数を音の周波数という。周波数の単位はヘルツ（hertz）で記号はHzであり，振動が1秒間に1回のとき1Hzである。周波数の逆数を周期（単位は時間）という。一般に人が聴くことが可能な周波数帯域（可聴域）は，20 Hzから20 kHzといわれている。空気振動として伝わっていく音は，人の耳に到達し，その鼓膜を振動させ，その刺激が聴覚細胞，神経を経由し，大脳において音として知覚される。

4.1.1 音のデジタル化

　波形となった音は，時間 t に関する変位（媒体が空気であれば空気の圧力の

変化量) y の連続関数 $y=f(t)$ として表現することができる。この波形を標本化と量子化によりデジタル化 (1.4節 参照) する。

$f(t)$ は標本化周期 Δt で標本化され，系列 $[f_0 f_1 f_2 \cdots]$ に変換される。$f_n = f(n\Delta t)$ であり，標本化周期の逆数 $1/\Delta t$ が標本化周波数であり，単位は Hz である。人の可聴域の上限は 20 kHz といわれているから，標本化定理 (1.4.4項 参照) より，40 kHz を超える周波数で標本化する必要がある。そのため，音楽 CD（コンパクトディスク）では標本化周波数は 44.1 kHz であり，よって上限周波数（ナイキスト周波数）は 22.05 kHz となっている。

つぎに量子化により，上記の実数値 f_n は離散値 g_n で近似される。よって標本化によって得られた系列 $[f_0 f_1 f_2 \cdots]$ は，量子化により系列 $[g_0 g_1 g_2 \cdots]$ に変換され，音波形はデジタル化される。いま，実数値 f_n が量子化ビット数 m ビットにより量子化され，離散値 g_n が得られたとしよう。このとき，一般に，無音を 0，絶対値最大の正の変位を $2^{m-1}-1$，絶対値最大の負の変位を -2^{m-1} として量子化する。量子化ビット数は一般的には 16 ビットのことが多い。

4.1.2 音の三要素

音には大きさ，高さ，音色の三要素がある。これらについて述べる〔文献 1), 7)〕。

〔1〕**音の大きさ**　音は空気，水などの振動するもの（媒体）がないと伝わらない。よって真空になればなるほど音は伝わりにくくなる。日常生活では音は空気を媒体とし，媒体である空気が振動する。空気が振動すると，空気中に粗密波（音波）が生じ，空気に圧力変動が生じる。この圧力変動量のことを音圧と呼ぶ。音の大きさの測定においては，一定時間にわたる圧力変動量の平均値のことを音圧（あるいは実効音圧）と呼ぶ。無音状態の媒体の圧力を p_0，音の発生に伴う時刻 t の媒体の圧力を $p(t)$，音圧を測定する一定時間を T としたとき，音圧 P はつぎのように定義される〔単位は Pa（パスカル）〕。

$$P = \sqrt{\frac{1}{T}\int_0^T (p(t)-p_0)^2 dt} \tag{4.1}$$

この音圧は耳への物理的刺激量であり，これが大きいほど，人は大きな音と感じ，小さいほど小さな音と感じる．ただし，音圧に関しては，線形というより対数的に音の聴こえ方が変化する．そこで，周波数 1～3 kHz の音において，聴覚が優れている若い人に聴こえる最小の音圧である 2×10^{-5} Pa を基準として音圧レベル L を

$$L = 10\log\left(\frac{P}{2\times10^{-5}}\right)^2 = 20\log\left(\frac{P}{2\times10^{-5}}\right) \tag{4.2}$$

と定義する†．音圧レベルの単位は dB（デシベル）である．音圧 P が 2×10^{-5} Pa のときに 0 dB となる．

日常生活においてデシベル単位は騒音の単位として登場する．例えば，新幹線沿線の騒音レベルを 75 デシベル以下にする対策をとった，空軍基地周辺での騒音測定で過去最大の 121 デシベルを記録した，といった表現である．騒音の最たるものの一つである電気掃除機の運転音は，50～60 dB 程度である．ここで運転音 60 dB は 50 dB に比べて 1.2 倍の音の大きさである，ということではない．X〔dB〕のときの音圧を P_X として，音圧レベルの定義式 (4.2) に値を代入すると $10 = 20\log P_{60}/P_{50}$ となり，音圧比 $P_{60}/P_{50} \cong 3.1623$ となる．すなわち，音圧レベルで 10 dB 違うということは，耳への物理的刺激量（音圧）としては約 3 倍の違いがある，ということになる．

以上のように，アナログ量としての音の大きさは，可聴最小音圧 2×10^{-5} Pa を基準とした音圧レベルを用いて表現する．一方，デジタル化された音は出力する際の音響機器（スピーカなど）により音圧が異なる．そのため，デジタル化された音に関しては，2×10^{-5} Pa を基準とした音圧レベルではなく，次式のような量子化ビット数 m で表現できる絶対値最大の数値 2^{m-1} を基準とした音のレベルの表現法がある．

$$L_d = 10\log\left(\frac{G}{2^{m-1}}\right)^2 \tag{4.3}$$

ここで G はデジタル化された離散値 g_n の時間平均 $G = \sqrt{\left(\sum_{n=0}^{T-1} g_n^2\right)/T}$ であ

---

† 4 章では log は底を 10 とする常用対数を表す．すなわち $\log X = \log_{10} X$ である．

る。最大絶対値に対応する音，すなわち最大音のレベルが 0 dB であり，それより小さい音のレベルは負のデシベルで表現する。

一方，人の聴覚が感じる音の大きさ（耳の感覚量）のレベル（ラウドネス）の単位をフォン（phone）といい，これには聴覚特性が関係している。例えば，周波数 1 kHz のある音圧の音を聴いたときのラウドネスが 40 フォンだったとしよう。つぎに音の周波数を 100 Hz に低下させて同じ音圧の音を聴くとラウドネス，すなわち耳の感覚量は小さく感じる。周波数 100 Hz においても 40 フォンの感覚量の音にするためには 1 kHz のときの音圧レベルに比べ，100 Hz のときの音圧レベルを約 20 dB も増加させないと同じ感覚量とならない。つまり，1 kHz に比べ低音の 100 Hz の音に対する人の聴覚感度は鈍くなっている。人の聴覚は 3～5 kHz での聴覚感覚がよく，その範囲外，特に 100 Hz 以下と 10 kHz 以上では感度が低下する。特に高音に比べ低音の感度の低下が著しい。

このように，音の大きさは主として音圧に関係はするが，音の周波数が異なれば，音圧が同じであっても，人の耳の感覚量は異なることがわかっており，音の大きさがすべて音圧によって決定されるわけではない。

〔2〕**音の高さ**　通常，音は多数の振動が重なって，すなわち，異なる周波数の波が多数重なって構成されている。ある音を構成する多数の波のうち，N〔Hz〕の周波数で振動する波の音圧を，その音の N〔Hz〕の周波数成分という。通常，最大音圧の周波数成分をもつ周波数を基本周波数という。音の高さは音の基本周波数に関係し，この基本周波数のことを音高あるいはピッチということがある。二つの音があったとき，その基本周波数が高いほうを高い音，低いほうを低い音と人は感じる。ちなみに，ピアノの最高音，最低音の基本周波数はそれぞれ 4 096 Hz と 27.5 Hz，平均的な女声，男声の基本周波数はそれぞれ 320 Hz，160 Hz である。また，あらゆる周波数成分が等しい雑音は明確な基本周波数をもたないので，明確な音の高さもない。

〔3〕**音　色**　音色は音波形の形に関係する。異なる二つの楽器，ピアノとバイオリン，ギターとトランペットといった 2 種類の楽器で同じ高さの

音を出しても，人はこの2種類の楽器の音を聴き分けることができる。このように人が二つの楽器の音を聴き分けることができるのは，二つの楽器が発する音波形の形が異なるからである。図 4.1 にピアノの「ド」，図 4.2 にギターの「ド」の音波形を表示する。横軸が時間，縦軸は振幅である。

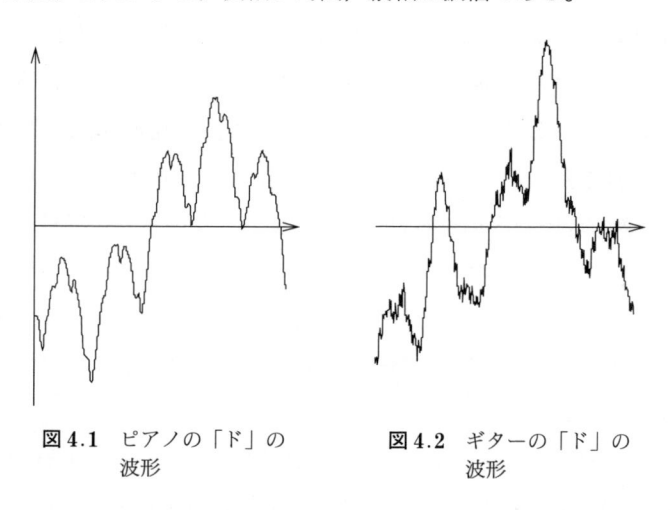

図 4.1 ピアノの「ド」の波形

図 4.2 ギターの「ド」の波形

4.1.3 音　　　声

本節では音声の基本的なことがらについて述べる〔文献 6), 10)〕。

母音と子音から構成される音声は，肺から押し出された空気（呼気）が，声帯を通過し，のどから口にかけての舌，唇，歯，鼻腔，軟口蓋などの位置，形状，動きにより調整されて生成される。この調整のことを調音といい，のどより上の舌，唇，歯，鼻腔，軟口蓋を調音器官あるいは声道という。声道への入力となる空気振動を音声の源，すなわち音源という。

音声には有声音と無声音がある。有声音とは呼気が通過するときに声帯を振動させて出す音声であり，音高が存在する。日本語において母音 [a], [i], [u], [e], [o] は有声音であり，子音においても [b], [d], [g], [m], [r] などは有声音である。声帯振動を伴わない音は無声音と呼ばれ，[p], [f], [k], [t], [s] など破裂音，摩擦音がある。破裂音とは，唇などで声道を閉鎖し，肺からの呼気

の流れをいったん止め，圧力が高まったところで急に閉鎖を解除して生成される音である．摩擦音とは，舌によって声道に狭いすき間をつくり，その狭いすき間に呼気を通過させるときに発生する乱流により生成される音である．

　音声の基本単位記号を音素という．音素は記号（一種の発音記号）であり，/ と / とで囲んで表記する．日本語の場合，各種の分類法があるが，例えば，母音音素5種 /a, e, i, o, u/，子音音素13種 /k, g, s, z, t, c, d, n, h, b, p, m, r/，半母音音素2種 /j, w/，特殊音素2種 /N（撥音「ん」），Q（促音「っ」)/ の合計22種に分類するものなどがある．半母音とは，/ja/(や)，/ju/(ゆ)，/jo/(よ)，/wa/(わ) の最初に瞬間的に発声される子音である．/c/ の例は，/cja/(ちゃ)，/cju/(ちゅ)，/cjo/(ちょ) などである．例えば日本語の「あっ」の音素表記は /aQ/ である．日本語では発音がRでもLでも子音音素 /r/ であり，両者に音素レベルの相違はない．

　音素は記号であるから，実際の発声を時間区間に分割したとき，各区間において音声波形と音素とが1対1に対応しているというわけではない．ある音素に対応して実際に発声される音声波形は，その音素の前後の音素の影響はもとより，発声者の心身の状況などの影響も受けて変動する．つまり，各音素記号に対応する音声波形を決定し，それらを連結して音声合成しても，人の耳には，音素記号列に対応する音声には聴こえない．広い意味では音素と同じように使用される用語に音韻がある．

　前述したように，言葉を発するために，声道（調音器官）はその位置，形状，動きを制御し，調音する．見方を変えれば，声道は一種のフィルタとして機能し，そのフィルタ特性は舌，唇，歯などの位置，形状，動きによって変化し，結果，音素列に対応する音声波形が変動する．これを調音結合により音素の音響的性質が変動（音響的変動）するという．例えば，母音連鎖 {/ei/, /ou/} においては，後続の母音が先行の母音に同化されて長母音化され，それぞれ {/ee/, /oo/} のように発声される．例えば，「計算」は /keisan/ というよりは，/keesan/ のように発話され，納会は /nookai/ のように発話される．このように隣り合う音素の影響を受けて，音素が音響的に変動する．これも音

声認識，音声合成を難しくしている要素の一つである。

　音素の連なりから構成され，ひとまとまりの音として聴こえる発声音の単位を音節という。日本語においては，主としてかな文字1文字に対応する音であるが，拗音のように2文字のかなで1音節とされるものもある。拗音とは，後ろに「ゃ」「ゅ」「ょ」を伴った「き，ぎ，し，じ，ち，に，ひ，び，ぴ，み，り」，例えば，「きゃ」のような音節である。よって，例えば，「てっぺん」は〔て｜っ｜ぺ｜ん〕の4音節からなり，「とっきょちょう」は〔と｜っ｜きょ｜ちょ｜う〕の5音節からなる。

　音声波形は，時間的に変動する時系列データであり，発話する人が異なれば同じ単語でも，また同じ人が同じ単語を発話しても発話のたびに，その音声波形が異なる。これも音声処理の難しさの一因である。図4.3，図4.4に，「マルチ」という単語を女性と男性が発声した波形を示す。横軸は時間，縦軸は振幅である。

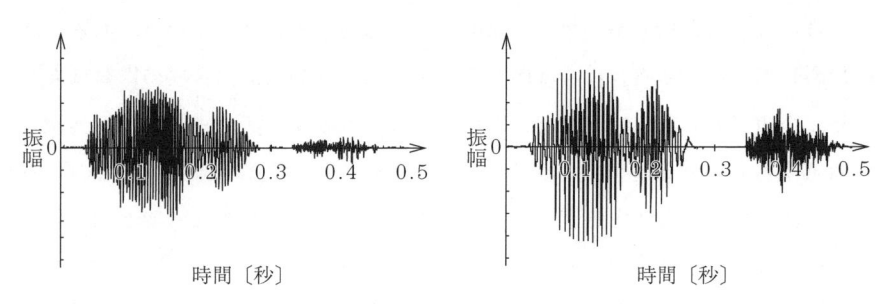

図4.3 女声「マルチ」の音声波形　　**図4.4** 男声「マルチ」の音声波形

　同じ単語でも発話する人により音声波形は変動する。また前述したように，調音結合により同じ音素でも，前後の音素の影響を受けて，その音声波形が変動する。このように個人差や調音結合など各種の条件によって変動する音声波形の中から，音声処理にとって有効な情報を取り出す手法として，音声波形をその周波数に着目してスペクトルに変換して処理するという手法が開発された。次節からそれについて述べる。

4.2 フーリエ変換

　本節で述べる時系列データをスペクトルに変換する手法は，音のみを対象とした手法ではなく，音波形をはじめとする時系列データの解析において有効な手法である．本節では，波形をその周波数に着目してスペクトルに変換する手法の一つである，**フーリエ変換**（Fourier transform）について述べる[†]．

　音波形にどのような周波数がどれくらい含まれているか（周波数とその成分）を示したグラフを，周波数スペクトルあるいは単にスペクトルという．よってスペクトルでは，横軸が周波数，縦軸がその周波数成分の大きさ（強さともいう）である．図 4.5 は，図 4.3 の女声「マルチ」のスペクトルである．

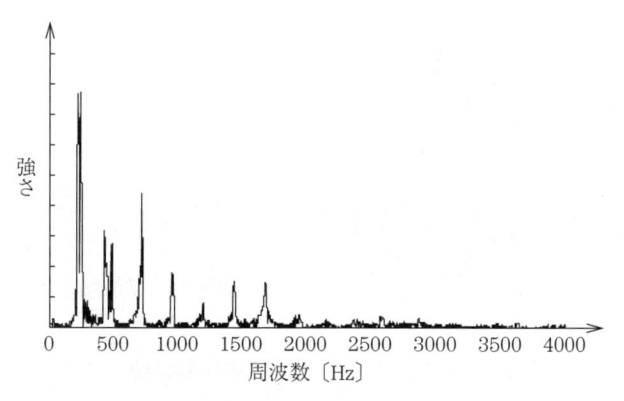

図 4.5　女声「マルチ」のスペクトル

　音高や音色は含まれる周波数に依存するから，音高や音色が類似した音であればスペクトルも類似した形となることが予想され，スペクトルに変換することにより，それを音の検索などに用いることが期待できる．一般に，各種の音処理においては，音波形自体ではなく，それをスペクトルに変換してから，その音処理特有の特徴を取り出して処理する手法が有効である．

[†] わかりやすい解説書として文献 13) を推薦する．

4.2.1 フーリエ級数展開

波形 $f(t)$ が周期関数であれば，それを周波数，振幅，位相の異なる三角関数の重ね合せで表現できる．このように波形を三角関数の線形和で表現することをフーリエ級数展開という．例えば，**図 4.6** では，一番下の周期波形 $f(t)$ は，上の三つの三角関数を重ね合わせた結果，すなわち線形和となっている．

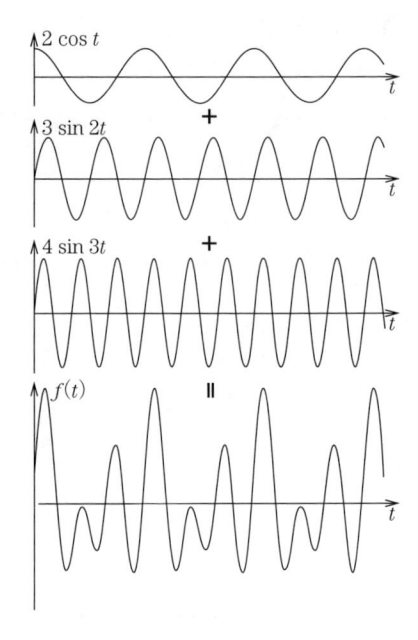

図 4.6　三角関数の重ね合せ

波形が周期的である場合にしかフーリエ級数展開は使うことはできない．音声波形は非周期的であるから，フーリエ級数展開ではなく次項で述べるフーリエ変換を用いる．

4.2.2 連続フーリエ変換

波形からスペクトルを求めるために使われる連続フーリエ変換は，時間 t の非周期関数（この例の場合は音声波形）$f(t)$ を，周期を無限であると仮定し，角周波数 ω の関数（この例の場合はスペクトル）$F(\omega)$ に変換する．定義は

$$F(\omega) = \int_{-\infty}^{\infty} f(t)\, e^{-i\omega t} dt \tag{4.4}$$

である（i は虚数単位）。角周波数 $\omega = 2\pi \times$「周波数」である。連続フーリエ変換によって得られる $F(\omega)$ は，もともとの波形 $f(t)$ に含まれる角周波数 ω の周波数成分の大きさ（強さ）を表している。よって，例えば，ある波形 $f(t)$ における 1 000 Hz の周波数成分，すなわち角周波数 $2\pi \times 1\,000$ の強さは，$F(2\pi \times 1\,000) = \int_{-\infty}^{\infty} f(t) e^{-2000\pi i t} dt$ により求めることができる。

連続フーリエ変換は逆変換可能であり，もとの $f(t)$ を復元する変換式は

$$f(t) = \frac{1}{2\pi} \int_{-\infty}^{\infty} F(\omega) e^{i\omega t} d\omega \tag{4.5}$$

であり，これを逆連続フーリエ変換という。

4.2.3 離散フーリエ変換

コンピュータにおいてはアナログ量をデジタル化（標本化，量子化）して処理する（1.4節 参照）。よってコンピュータにおける波形処理では，4.2.2項で述べた連続量（アナログ量）を扱う連続フーリエ変換ではなく，デジタル波形のフーリエ変換である**離散フーリエ変換**（discrete Fourier transform）を使用する。具体的には，連続的な波形をデジタル化により離散的な波形に変換し，離散フーリエ変換を適用する。

連続的な波形 f を n 個の標本点でデジタル化すると長さ n の系列 $[f_0 f_1 \cdots f_k \cdots f_{n-1}]$ が求まる。これを長さ n のスペクトル系列 $[F_0 F_1 \cdots F_j \cdots F_{n-1}]$ へ変換する離散フーリエ変換は

$$F_j = \sum_{k=0}^{n-1} f_k \cdot e^{-\frac{2\pi i}{n} jk} \quad (j = 0, 1, \cdots, n-1) \tag{4.6}$$

で定義される（i は虚数単位）。また，離散フーリエ変換によって得られたスペクトル系列 $[F_0 F_1 \cdots F_{n-1}]$ をもとの系列 $[f_0 f_1 \cdots f_{n-1}]$ に復元する変換を逆離散フーリエ変換といい，次式で定義される。

$$f_k = \frac{1}{n} \sum_{j=0}^{n-1} F_j \cdot e^{\frac{2\pi i}{n} jk} \quad (k = 0, 1, \cdots, n-1) \tag{4.7}$$

離散フーリエ変換と標本化周波数の関係について述べる。いま，波形を標本化周波数 44.1 kHz で標本化し，n 個の点を得たとしよう。各標本点の時間間

隔（標本化周期）は 1/44100 秒であり，時間 $n/44100$ 秒間にわたる系列 $[f_0 f_1 \cdots f_{n-1}]$ を考える．この系列に対して離散フーリエ変換を行うと，長さ n のスペクトル系列 $[F_0 F_1 \cdots F_{n-1}]$ が得られる．このとき，逆離散フーリエ変換の式 (4.7) より，F_j は $n/44100$ 秒間に j 回振動する成分の強さ（$e^{\frac{2\pi i}{n}jk}$ の係数）であると考えることができる．すなわち F_j はもとの系列 $[f_0 f_1 \cdots f_{n-1}]$ における周波数 $44100\,j/n$ 〔Hz〕の成分の強さである．ただし，標本化定理により，標本化周波数 44.1 kHz で標本化された音では 22.05 kHz 以上の周波数成分を観測することができないため，$44100\,j/n < 22050$ を満たさなければならない．よって実際に有効な F_j は F_0 から $F_{\lfloor (n/2)-1 \rfloor}$ までの $\lfloor n/2 \rfloor$ 個となる（記号 $\lfloor\ \rfloor$ は小数点以下切捨て）．

4.2.4 高速フーリエ変換

前項で述べた離散フーリエ変換は計算量が系列の長さ n に対して $O(n^2)$ と大きいため，コンピュータにおける実際の処理においては計算量を削減した**高速フーリエ変換**（fast Fourier transform，**FFT**）が用いられる．これにより，離散フーリエ変換が高速実行される．FFT は，離散フーリエ変換の式 (4.6) における複素乗算と複素加算の回数を $n \log_2 n/2$ に減じる手法であり（n は標本数），計算量は $O(n^2)$ から $O(n \log_2 n)$ となる．ただし FFT には $n = 2^k$ でなければならないなどの制限がある．この制限のため FFT を用いて波形のスペクトルを求めるときには，n として 128, 256, 512, 1024 など 2 のべき乗の整数が使用される．また逆離散フーリエ変換を高速に計算する手法を逆高速フーリエ変換（inverse fast Fourier transform，IFFT）という．

4.2.5 振幅スペクトルとパワースペクトル

前述したように，ある長さの音の系列 $[f_0 f_1 \cdots f_{n-1}]$ に対して離散フーリエ変換（高速フーリエ変換）を行い，$[F_0 F_1 \cdots F_{n-1}]$ を求める．離散フーリエ変換の定義から F_n は複素数である．このとき F_n の絶対値をとった系列 $[|F_0| |F_1| \cdots |F_{n-1}|]$ を振幅スペクトルといい，F_n の絶対値の 2 乗の系列 $[|F_0|^2 |F_1|^2$

$\cdots |F_{n-1}|^2]$ をパワー（電力）スペクトルという．また，4.2.3 項で述べたように F_0 から $F_{\lfloor (n/2)-1 \rfloor}$ までが有効な値であるから，$[|F_0| \, |F_1| \cdots |F_{\lfloor (n/2)-1 \rfloor}|]$ と $[|F_0|^2 \, |F_1|^2 \cdots |F_{\lfloor (n/2)-1 \rfloor}|^2]$ をそれぞれ振幅スペクトル，パワー（電力）スペクトルということもある．振幅スペクトル，パワースペクトルは横軸に周波数，縦軸に強さをとって表示される．周波数 44.1 kHz で標本化した標本点 1024 点（約 0.0232 秒）の音波形を**図 4.7** に，その振幅スペクトルを**図 4.8** に示す．

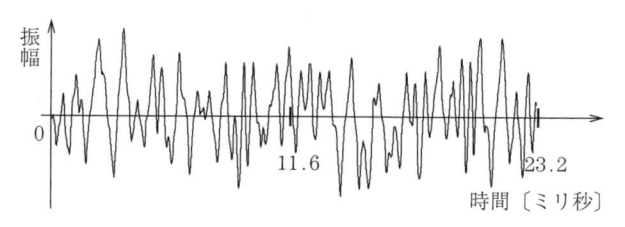

図 4.7 44.1 kHz で標本化した標本点 1024 点の音波形

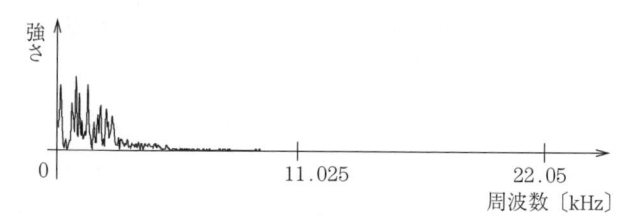

図 4.8 図 4.7 の振幅スペクトル

振幅スペクトル，パワースペクトルは，もとの音に含まれる各周波数成分の強さの割合を示すものであり，縦軸の単位は特に存在しない〔最大値を基準としてデシベル（dB）表示することはあるが〕．また人の聴覚は音の大きさを線形というより対数的に感じることが知られており，振幅スペクトル，パワースペクトルの縦軸を対数軸とすることもある．このとき，振幅スペクトル，パワースペクトルはそれぞれ $[\log |F_0| \; \log |F_1| \cdots \log |F_{\lfloor (n/2)-1 \rfloor}|]$ と $[2\log |F_0| \; 2\log |F_1| \cdots 2\log |F_{\lfloor (n/2)-1 \rfloor}|]$ となり，パワースペクトルは振幅スペクトルを単に 2 倍したものになる．そのため，振幅スペクトルとパワースペクトルを区別しないで使用することも多い．

4.2.6 短時間フーリエ変換

式 (4.4) のように，フーリエ変換の計算には時間に関する無限区間の積分が必要である．しかし，対象とする音の観測時間は有限時間であるから，式 (4.4) のままではフーリエ変換は使用できない．そこで，短時間ならば波形が定常的，かつそれが繰り返すと仮定し，波形をある有限時間区間（窓あるいは計算窓という）に区切り，各区間に関してフーリエ変換を行ってスペクトルを求めていく手法が**短時間フーリエ変換**（short-time Fourier transform）である．

計算窓というのは，波形を長時間にわたって観測するのではなく，その一部である有限時間区間のみを，いわば窓越しに観測して計算するので計算窓という．計算窓の長さ（時間）をフレーム長あるいは窓幅という[†]．音声の場合，フレーム長は数十ミリ秒程度である．計算窓はフレーム長の時間幅ごとにシフトさせていくのではなく，フレーム長より短い間隔のシフト幅でシフトさせ，計算窓をダブらせていく．つまり窓から見える景色は少しずつずれていく．

計算窓内の波形に対してフーリエ変換を行うと，計算窓（フレーム）の両端で値の不連続が起こってしまう．この不連続性を最小にするために窓関数を導入し，波形に窓関数を掛けてから（窓掛けという），フーリエ変換し，周波数成分を求める，すなわちスペクトルを得る．不連続性を解消するのが目的であるから，窓関数は中央が 1 付近で，窓の外において 0 に収束する関数である．

フレーム長 T_w，シフト幅 T_s（$T_s < T_w$）としたとき，全体で T 秒の音の短時間フーリエ変換手順はつぎのようである．

手順 1　初期値 $\tau = 0$ とする．

手順 2　τ 秒目から $\tau + T_w$ 秒目，すなわちフレーム長に相当する部分を切り出す．

手順 3　切り出した音波形に関してスペクトルを求める．

[†] 画像におけるフレームと音におけるフレームは，意味が違うので注意すること．画像のフレームは，フレーム画像（3.4.4 項参照）のフレームのことであり，音のフレームは短い時間区間（計算窓）のことである．

手順4　$\tau = \tau + T_s$，すなわちシフト幅 T_s だけシフトする．

手順5　まだ $\tau + T_w \leq T$，すなわち全 T 秒の端まで到達していないならば上記手順2へ戻る．

窓関数 $w(t)$ を導入することにより，フーリエ変換の式 (4.4) は

$$F(\omega, \tau) = \int_{-\infty}^{\infty} f(t)\, w(t-\tau)\, e^{-i\omega t} dt \tag{4.8}$$

という短時間フーリエ変換の式となる（i は虚数単位）．τ は窓掛けを行う時刻を表す．そして短時間離散フーリエ変換は

$$F_j^{\tau} = \sum_{k=0}^{n-1} f_k \cdot w(k\Delta t - \tau)\, e^{-\frac{2\pi i}{n} jk} \qquad (0 \leq j \leq n-1) \tag{4.9}$$

となる．ただし Δt は f_k の標本化周期である．このように波形の系列 f_k に長さ T_w の窓関数 $w(k\Delta t)$ を掛けて，系列 F_j^{τ} を得る前処理をフレーム化処理という．

それでは窓関数を方形窓（図4.9）とし，それを波形に対して窓掛けしてみよう．方形窓関数 $w_{rec}(t)$ をつぎのように定義する（T_w はフレーム長）．

$$w_{rec}(t) = \begin{cases} 1 & (0 \leq t < T_w) \\ 0 & \text{それ以外} \end{cases} \tag{4.10}$$

図4.10と図4.11に窓掛け前と窓掛け後を示す．

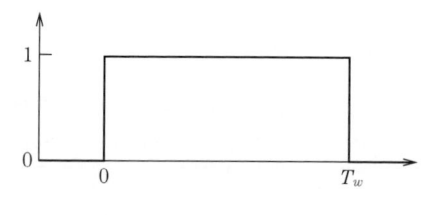

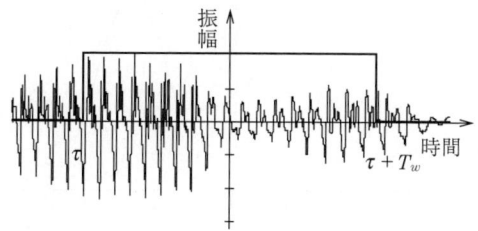

図4.9　方形窓関数

図4.10　方形窓関数と窓掛け前の波形

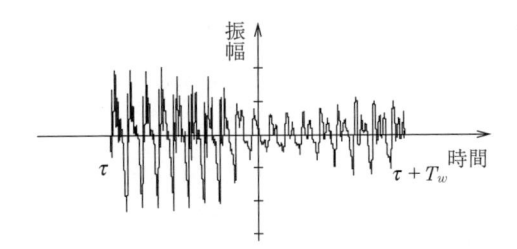

図 4.11 窓掛け後の波形

このように窓関数はフーリエ変換の結果に影響を与えるため，目的に合わせたさまざまな窓関数が提案されている．代表的な窓関数に，ハニング窓，ハミング窓，ブラックマン窓がある．周波数分解能はハミング窓が最も高く，ブラックマン窓が最も低い．一方，微小な周波数成分を検出する能力はブラックマン窓が最も高く，ハミング窓が最も低い．ハニング窓はその中間である．関数定義を**表 4.1** に，グラフを**図 4.12** に示す．

以上，短時間フーリエ変換により，音声波形のような時間的に変動していく

表 4.1 代表的な窓関数

窓	定義
ハニング窓	$w_{han}(t) = \begin{cases} 0.5 - 0.5 \cos \frac{2\pi t}{T_w} & (0 \leq t < T_w) \\ 0 & (それ以外) \end{cases}$
ハミング窓	$w_{ham}(t) = \begin{cases} 0.54 - 0.46 \cos \frac{2\pi t}{T_w} & (0 \leq t < T_w) \\ 0 & (それ以外) \end{cases}$
ブラックマン窓	$w_{blk}(t) = \begin{cases} 0.42 - 0.5 \cos \frac{2\pi t}{T_w} + 0.08 \cos \frac{4\pi t}{T_w} & (0 \leq t < T_w) \\ 0 & (それ以外) \end{cases}$

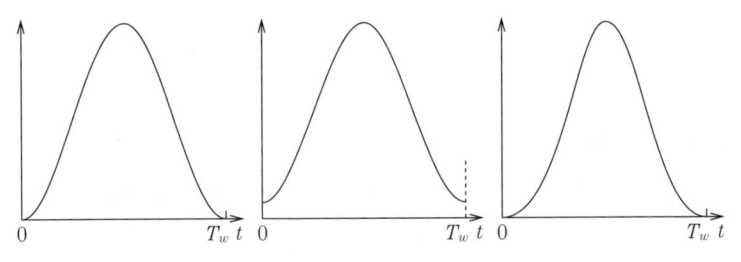

図 4.12 代表的窓関数（左からハニング窓，ハミング窓，ブラックマン窓）

波形のスペクトルを求める手法について説明した．実際の処理では離散高速フーリエ変換を使用する．

時間的に変動する波形のスペクトルを求め，その周波数成分の強さや変動を分析する手法をスペクトル分析という．短時間フーリエ変換を用いた分析手法は短時間スペクトル分析と呼ばれる．

4.2.7 不確定性原理

短時間スペクトル分析において，フレーム長 T_w の大きさは時間と周波数の分解能に関係する．標本化周波数 44.1 kHz で標本化した音に対してフレーム長 2048 点†（約 46.4 ミリ秒），1024 点（約 23.2 ミリ秒），512 点（約 11.6 ミリ秒），256 点（約 5.8 ミリ秒）の 4 種類で短時間スペクトル分析する場合の例を**表 4.2** に示す．

表 4.2 フレーム長と分解能（標本化周波数 44.1 kHz）

フレーム長	時間分解能	周波数分解能
2048 点（約 46.4 ミリ秒）	約 46.4 ミリ秒	約 21.5 Hz
1024 点（約 23.2 ミリ秒）	約 23.2 ミリ秒	約 43.1 Hz
512 点（約 11.6 ミリ秒）	約 11.6 ミリ秒	約 86.1 Hz
256 点（約 5.8 ミリ秒）	約 5.8 ミリ秒	約 172.3 Hz

時間分解能＝標本点数/標本化周波数，周波数分解能＝標本化周波数/標本点数である．標本化周波数 44.1 kHz であるからナイキスト周波数（1.4.4 項参照）は 22.05 kHz である．この表からわかるように，フレーム長が大きいほど周波数分解能は高くなるが，時間分解能は低くなってしまう．このように周波数分解能と時間分解能はトレードオフの関係にあり，これを不確定性原理ということがある．シフト幅 T_s は通常，$T_w/2$ や $T_w/4$ などの値が用いられる．通常，$T_s < T_w$ であるから，計算窓はオーバラップする．そのため，フレーム長自体に起因する時間分解能の低さを，フレーム長より狭いシフト幅により補うことができる．

---

† 標本点数 2048 点分のフレーム長ということ．

4.3 音声波形の分析

音の情報処理研究は，音声認識・音声合成の分野を中心に発展し，成果を上げてきた。そこにおいて確立された音声波形のスペクトル分析技術は，音メディア処理の基本となる技術であり，本節ではそれらについて述べる〔文献6〕。

4.3.1 調音器官の関数表現

4.1.3項で述べたように，肺から押し出された空気が声帯を通過し，声道（調音器官）への入力（音源）となり，その声道により調音されて音声が生成される。つまり声道の調音動作によって決まる伝達特性により，入力（音源）の周波数成分が選択される。声帯振動が音源の場合，声帯振動が関与するのは音源の基本周波数と強さ，すなわち声の高さと大きさであり，声道により音色（周波数成分）が制御される。

声道を一種のフィルタと見なすことができ，その伝達特性（調音特性）を近似した関数を伝達関数という。つまり，入力としての音源が伝達関数（声道）により変換され，耳に聴こえる波形としての音声が出力される，と考える。

声道の伝達関数として

$$H(z) = \frac{1}{1 + \sum_{j=1}^{p} a_j z^{-j}} \tag{4.11}$$

という極点のみで零点をもたない全極形関数が用いられる（a_jは定数）。複素数 $z = e^{i\omega \Delta t}$ とすると

$$H(e^{i\omega \Delta t}) = \frac{1}{1 + \sum_{j=1}^{p} a_j e^{-i\omega \Delta tj}} \tag{4.12}$$

となる（iは虚数単位，Δtは標本化周期，$\omega = 2\pi \times$周波数）。これは周波数の関数であり，声道の周波数特性（スペクトル包絡）を表しており，振幅特性は

$|H(e^{i\omega \Delta t})|$ となる[†1]。よって，a_j を求めることができれば，声道の伝達関数[†2]，すなわち，声道の周波数特性（スペクトル包絡）を得ることができる。つぎに述べる LPC（線形予測符号化）分析は a_j を求める手法である。

4.3.2 LPC（線形予測符号化）分析

代表的なスペクトル分析法の一つである。音声波形は時間とともに変動するが，短時間スペクトル分析と同様に **LPC**（linear predictive coding）**分析**においても，数十ミリ秒程度の短い時間ならば定常的な波形であると仮定する。そして数十ミリ秒の時間区間の音声波形を切り出し，それに対してスペクトル分析を行う。定常性があれば，時間区間内の時刻 t における音声波形の値は，過去の p 個の音声波形の値の線形結合で予測できると考える。標本化をしている場合ならば，現時点の標本点 n の値 $\tilde{x}_n$ は，つぎのように，過去の p 個の標本値の線形結合で予測できるとする。

$$\tilde{x}_n \approx -a_1 x_{n-1} - a_2 x_{n-2} - \cdots - a_p x_{n-p} = -\sum_{j=1}^{p} a_j x_{n-j} \tag{4.13}$$

a_j を線形予測係数あるいは LPC 係数という。$\tilde{x}_n$ は予測値であるから，実際の観測値 x_n との間には予測誤差 ε_n を生じる。予測誤差 $\varepsilon_n = x_n - \tilde{x}_n$ は次式となる。

$$\varepsilon_n = x_n + \sum_{j=1}^{p} a_j x_{n-j} = \sum_{j=0}^{p} a_j x_{n-j} \quad (a_0 \equiv 1) \tag{4.14}$$

LCP 分析ではこの予測誤差を最小にする LPC 係数を求める。具体的には短時間フーリエ変換と同様，音声波形に対して計算窓を置き，その窓をシフトさせながら LPC 分析を行う。窓内の標本点数を N とすると，予測誤差 ε_n の 2 乗平均値は

$$E = \sum_{n=0}^{N-p-1} |\varepsilon_n|^2 = \sum_{n=0}^{N-p-1} \left(\sum_{j=0}^{p} a_j x_{n-j} \right)^2 \tag{4.15}$$

となり，これを最小化する LPC 係数を求める。E の最小値を求めるには，式

[†1] 伝達関数の理解をはじめとするデジタル信号処理の入門書としては文献 4) がある。
[†2] 調音フィルタの伝達特性，声道の伝達特性ともいう。伝達特性の周波数特性に注目する場合はスペクトル包絡と表現することも多い。

(4.15)をLPC係数a_kで偏微分し，0とすればよいからつぎのようになる。

$$\frac{\partial E}{\partial a_k}=2\sum_{j=0}^{p}\left(a_j\sum_{n=0}^{N-p-1}x_{n-j}x_{n-k}\right)=0 \qquad (k=1,\cdots,p) \tag{4.16}$$

LPC係数a_kを求めるには，自己相関分析を行い，その結果にレビンソン・ダービン（Levinson-Durbin）の逐次解法を適用する。つぎにそれらの手法について述べる。

4.3.3 自己相関分析

自己相関分析は，ある波形内の周期性を求める手法である。ある時間区間内，例えば，二つの波形を表す関数の時刻0から時刻Tにおける内積は，それら二つの波形のその時間区間内での相関を示している。関数$f(t)$と$g(t)$の内積は

$$r=\int_0^T f(t)g(t)\,dt \tag{4.17}$$

である。二つの関数$f(t)$と$g(t)$に相関がある場合にはrの絶対値が大きくなる。波形$x(t)$自体のある時間区間内（時刻0から時刻T）における周期性を判定する自己相関関数$r(\tau)$は次式となる。

$$r(\tau)=\int_0^T x(t)x(t+\tau)\,dt \tag{4.18}$$

τは自己相関を計算する波形$x(t)$における2点間の距離に相当する。波形を標本化する離散系においては

$$r_\tau=\sum_{k=0}^{T}x_k x_{k+\tau} \tag{4.19}$$

となる。この場合，τは波形$x(t)$における二つの標本点の距離，すなわち時間差に相当するから，r_τは時間差の関数となる。LPC分析における自己相関関数は，計算窓を導入し，窓内の標本点数をNとすると

$$r_\tau=\sum_{n=0}^{N-1}x_n x_{n+\tau} \qquad (\tau=0,1,\cdots,p-1)$$

となる。ここで$n+\tau>N-1$になるとそれは窓の外になってしまう。そこで

$$r_\tau = \sum_{n=0}^{N-1-\tau} x_n x_{n+\tau} \quad (\tau=0, 1, \cdots, p-1) \tag{4.20}$$

とする。この式において r_τ が最大値をとるのは，$\tau=0$，すなわち自分自身との相関をとったときである。波形に周期性があれば，その波形の周期分のシフトごとに最大値をとる。波形に完全な周期性がなくても r_τ の値によって，その波形の変動特徴を把握することができる。

4.3.4 レビンソン・ダービンの逐次解法

前記の r_τ を求めておき，それを用いてつぎの漸化式により LPC 係数を求める。

初期条件 $E^{(0)}=r_0$，
$i=1, 2, \cdots, p$ について以下を反復する。

$$\begin{aligned}
k_i &= \frac{r_i + \sum_{j=1}^{i-1} a_j^{(i-1)} r_{|i-j|}}{E^{(i-1)}} \\
a_i^{(i)} &= -k_i \\
a_j^{(i)} &= a_j^{(i-1)} - k_i a_{i-j}^{(i-1)} \quad (j=1, 2, \cdots, i-1) \\
E^{(i)} &= (1-k_i^2) \cdot E^{(i-1)}
\end{aligned} \tag{4.21}$$

p 次の LPC 係数 a_i は次式により求まる。

$$a_i = a_i^{(p)} \quad (1 \leq i \leq p) \tag{4.22}$$

p を LPC 分析の次数（分析次数）という。次数は適切に設定する必要があり，通常 p は 8 から 16 くらいである。LPC 係数が求まれば，声道の伝達関数（スペクトル包絡）を推定することができる。

4.3.5 ケプストラム分析

ケプストラム分析は，音源（声帯振動）の基本周波数と声道の伝達関数の推定手法である。以降，例として女声「あ」の波形を用いてケプストラム分析について述べる（**図 4.13**）。

音声波形を $y(t)$，音源（声帯振動）を $g(t)$，声道の伝達関数を $h(t)$ とし

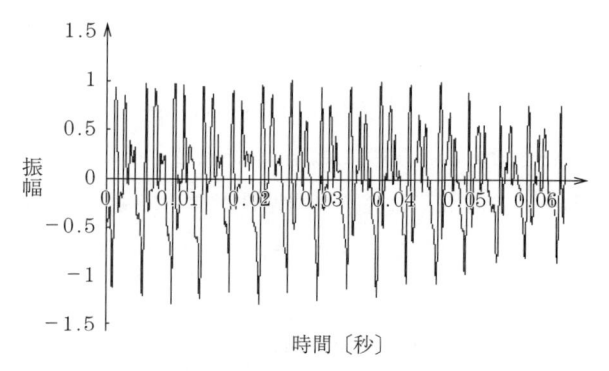

図 4.13 女声「あ」の波形

たとき，音声は音源と声道の伝達関数との畳み込みとして

$$y(t) = g(t) * h(t) \tag{4.23}$$

と表現できる。ここで $y(t)$, $g(t)$, $h(t)$ のフーリエ変換を $Y(f)$, $G(f)$, $H(f)$ とすると次式が得られる。

$$Y(f) = G(f) \cdot H(f) \tag{4.24}$$

実際は，前述したように計算窓を用いた短時間離散フーリエ変換を行うので，周波数 f は離散値をとる。よって，短時間離散フーリエ変換の場合は

$$Y(k) = G(k) \cdot H(k) \tag{4.25}$$

となる。k は離散周波数である。図 4.14 に，女声「あ」の窓掛け後の波形，図 4.15 にそのスペクトル $Y(k)$ を示す。窓関数はハニング窓である。

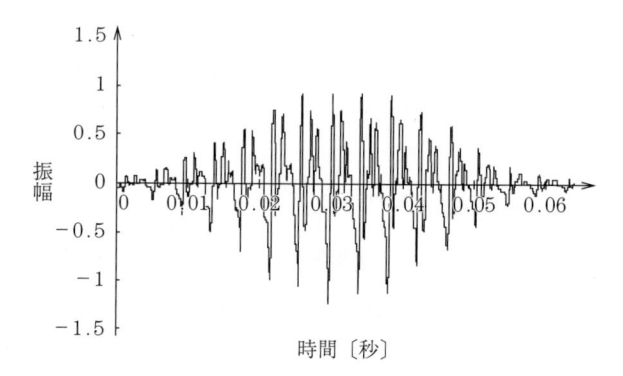

図 4.14 女声「あ」の窓掛け後の波形

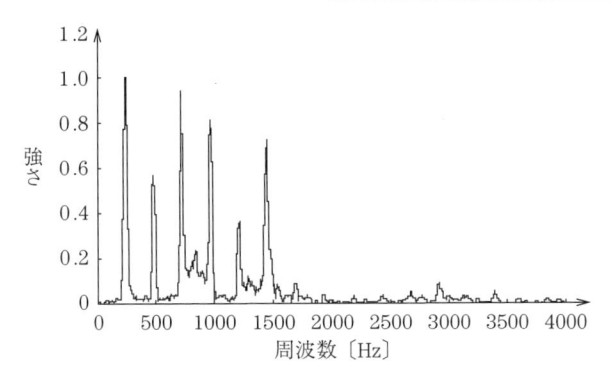

図 4.15 女声「あ」のスペクトル

音源（声帯振動）に由来する $G(k)$[†1] に声の高さと大きさの情報が含まれる。一方，声道の伝達関数に由来する $H(k)$[†2] に音素の音響的特徴（調音結合，母音）に関する情報が含まれている。よって得られた $Y(k)$ を $G(k)$ と $H(k)$ とに分離，抽出することができれば，声の高さと大きさの情報および音素の音響的特徴に関する情報を得ることができる。しかし，このままでは分離できないので，分離のために絶対値をとり，対数をとると

$$\log|Y(k)| = \log|G(k)| + \log|H(k)| \tag{4.26}$$

となる。この対数スペクトルを図 4.16 に示す。

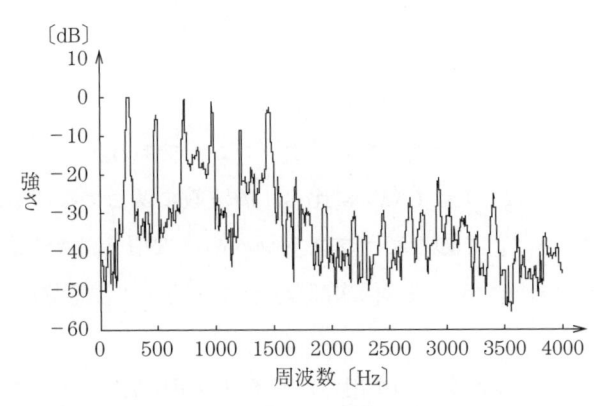

図 4.16 女声「あ」の対数スペクトル

[†1] 微細構造ともいう。
[†2] スペクトル包絡ともいう。

さて，音声波形の対数スペクトルは，音源（声帯振動）の対数スペクトルと声道の伝達関数の対数スペクトルの和である〔式 (4.26)〕。積が和になったが，$G(k)$ と $H(k)$ の分離問題は一意には解けない。そこで $G(k)$ と $H(k)$ の性質，特徴の違いを利用して，分離する。

$G(k)$ は音源（声帯振動）のスペクトルであるから，声帯振動の周期の逆数（周波数）で振動する。$G(k)$ が振動するので，結果として $H(k)$ との積をとった $Y(k)$ も振動するが，$H(k)$ 自体の周波数変動はゆるやかという特徴がある。すなわち，$H(k)$ は $G(k)$ に比べ，周波数に関してなめらかに変化するという特徴をもつ。音声のケプストラム分析はこれらの特徴を利用して $G(k)$ と $H(k)$ を分離する。

式 (4.26) の $\log|Y(k)|$ に対して逆離散フーリエ変換をすると

$$c_n = \frac{1}{N}\sum_{k=0}^{N-1} \log|Y(k)| e^{\frac{2\pi i}{N}kn} \qquad (0 \leq n \leq N-1) \tag{4.27}$$

となる。結局，音声波形を離散フーリエ変換してから対数スペクトルを求め，さらに逆離散フーリエ変換をした。対数をとったスペクトルの逆フーリエ変換なのでもともとの音声波形が復元されたわけではない。そこで，スペクトルをもじった造語で，c_n を n 次のケプストラム（cepstrum）あるいはケプストラム係数，フリークェンシーをもじった造語で n をケフレンシ（quefrency）という。ケフレンシの次元は時間である。N はケプストラム分析を行う標本点の数である。折返しひずみが生じないように N は十分大きくとる必要がある。図 4.17 にケプストラムを示す。横軸はケフレンシである。

前述したように $H(k)$ は $G(k)$ に比べ，周波数に関してなめらかに変化するという特徴をもつ。そのためケプストラムの高次項（高次部分）には音源（声帯振動）$G(k)$ が，低次項（低次部分）には声道の伝達関数 $H(k)$ が反映される。

まず，ケプストラムの高次項を用いた音源（声帯振動）の性質である基本周波数の抽出について述べる。振幅スペクトルの対数をとったものには，基本周波数を示すスペクトルとその高調波のスペクトルが短い間隔で現れる。高調波

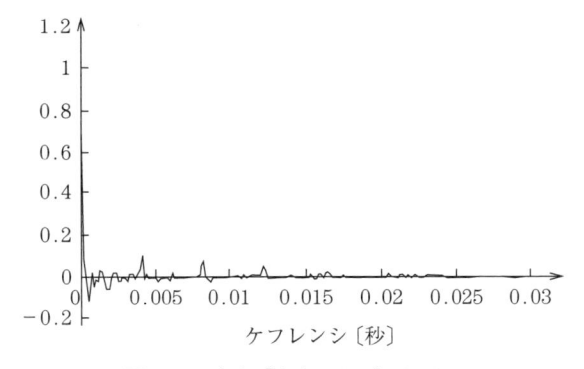

図 4.17 女声「あ」のケプストラム

は基本周波数の整数倍なので，例えば基本周波数を 100 Hz とすれば 200 Hz，300 Hz といった位置に高調波のスペクトルが現れる。そしてこのスペクトルの間隔が短いために，ケプストラムを求めると，ケフレンシの高次項にピークが現れる。ケプストラムの横軸であるケフレンシは，もとの音声波形と同じ時間次元であるから，ケフレンシの高次項のピークの位置を見ることで，基本周波数を示すスペクトルと高調波のスペクトルとの時間次元における間隔，すなわち周期がわかる。よって逆数をとれば周波数が得られる。基本周波数が 100 Hz，高調波が 200 Hz，300 Hz であれば，その間隔である 100 Hz という値が得られる。この間隔は基本周波数に一致する。このようにケプストラムの高次項を用いて基本周波数抽出を行う。この例の女声「あ」のケプストラムの高次項から求めた基本周波数は 242 Hz である。

一方，声道の伝達関数（スペクトル包絡）にはピークを形成する周波数が複数存在し，それらピーク間の周波数間隔が離れている。よってケフレンシの低次項に声道の伝達関数の特徴が現れる。声道の伝達関数のピーク周波数の低いほうから，第一フォルマント周波数，第二フォルマント周波数，…という。母音 /a//i//u//e//o/ は主として第一フォルマント周波数と第二フォルマント周波数により決まる。そこでケプストラムの列を低次で打ち切れば声道の伝達関数を抽出することができる。ケフレンシを次数により分離する手法は，フィルタをもじった造語でリフタ (lifter) と呼ばれる。ケプストラムを低次で切り

取る計算窓をケフレンシ窓という。図 4.18 に女声「あ」に対応するケプストラムのケフレンシ窓によるリフタリング (liftering) を示す。ここでケフレンシ窓はハミング窓である。また，リフタリングによって得られる女声「あ」の声道の伝達関数（スペクトル包絡）を図 4.19 に示す。

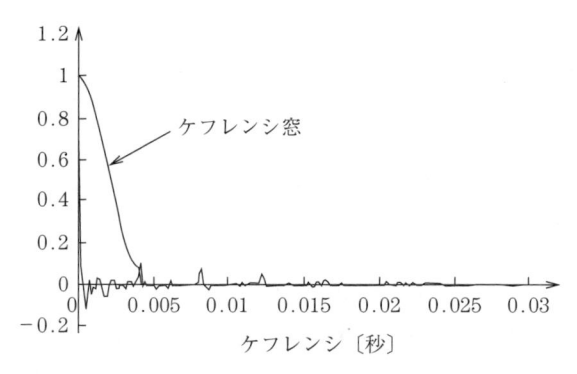

図 4.18 ケプストラムのケフレンシ窓によるリフタリング

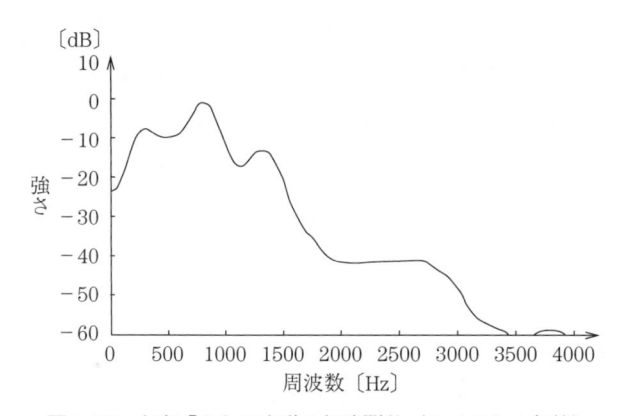

図 4.19 女声「あ」の声道の伝達関数（スペクトル包絡）

4.3.6 LPC ケプストラム

ケプストラムは，対数スペクトルの逆離散フーリエ変換により求められた。よって LPC 分析により得られたスペクトルを利用してケプストラムを求めてもよい。LPC 分析によって推定されたスペクトルから求めたケプストラムを，

LPCケプストラムという。

　LPC分析は，声道の伝達関数（スペクトル包絡）を直接推定する手法であった。よって，音源（声帯振動）の影響が初めから分離されており，声道の伝達関数を求めるためだけならば，さらにケプストラムを求める必要はない。つまりLPC分析により得られたスペクトルをケプストラム分析し，音源（声帯振動）スペクトルと声道の伝達関数スペクトルとに分離することは冗長である。しかし，LPCケプストラムのほうが，声道の伝達関数（スペクトル包絡）の分離の精度が高いとされ，さらに逆フーリエ変換を行わなくても，漸化式でケプストラムを求めることができるという利点がある。

　LPCケプストラムを用いるときは，LPC分析によりp次までのLPC係数を求めておく。そして，つぎの漸化式によりLPCケプストラムを求める。a_iはLPC係数であり，c_nがn次のLPCケプストラムである。

$$c_1 = -a_1$$
$$c_n = \begin{cases} -a_n - \sum_{k=1}^{n-1}\left(1-\frac{k}{n}\right)a_k c_{n-k} & (1 < n \leq p) \\ -\sum_{k=1}^{p}\left(1-\frac{k}{n}\right)a_k c_{n-k} & (n > p) \end{cases} \quad (4.28)$$

　LPC係数は計算窓をシフト幅ずつシフトしつつ求めていき，それに対応してLPCケプストラムを順次求めていく。

　音声認識のためには，音声から各種の手法を用いて声道伝達特性を特徴として抽出し，音素の標準的音響特徴（標準パターン）と比較するという，パターン認識手法が適用可能である。また，大語彙、連続，不特定話者の音声認識手法としては，隠れマルコフモデル（hidden Markov model，HMM）〔文献10〕，ニューラルネットワーク〔2章の文献4〕〕などが有望であるといわれている。

4.4 音の種別判定

　マルチメディア情報検索において，動画における音を解析し，その音がなに

か，会話なのか音楽なのかといった音の種類の識別（音の種別判定）ができれば，情報検索のためのタグづけに利用できる．本節では音の種別判定のための各種手法，特徴量について述べる．

4.4.1 ソナグラム

ソナグラム（sonagram）[†]とは，横軸に時間，縦軸に周波数をとることで，パワースペクトルの時系列を可視化した2次元画像である．ソナグラムは短時間フーリエ変換により求めることができる．

ある音波形に対して短時間フーリエ変換を行い，シフト位置 k（$k=0, 1, 2, \cdots$）においてパワースペクトル $[s_0^{(k)}\ s_1^{(k)} \cdots s_{n-1}^{(k)}]$ が得られたとする．このとき2次元画像であるソナグラムの座標 (x, y) の画素の濃度 $V(x, y)$ は，以下で定義される．

$$V(x, y) = s_y^{(x)} \qquad (0 \leq x,\ 0 \leq y \leq n-1) \tag{4.29}$$

ソナグラムによりパワースペクトルの時間的な変動特徴を視覚的に認識することが可能となる．またそのデータを分析することにより，音の種別判定が可能となる〔文献11〕．

図 4.20 にピアノの「ド」の音のソナグラムの例を示す．図中のある座標の濃度が，その時刻における，その周波数成分の強さを表している．例えば，周波数が一定のまま一定時間持続する音の場合には水平方向の線が表示され，周

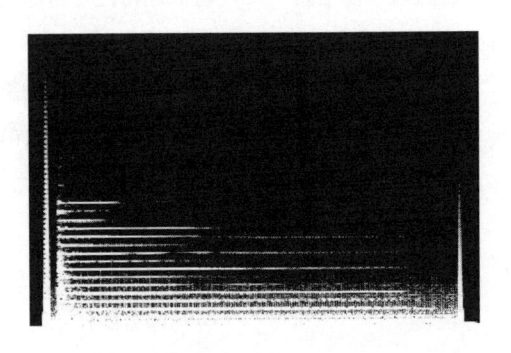

図 4.20 ピアノの「ド」のソナグラム

[†] ソナグラフ，声紋，サウンドスペクトログラム，あるいは単にスペクトログラムといわれることもある．

波数が徐々に上昇していく音の場合には右肩上がりの線が表示される[†]。
つぎに各種の音のソナグラムについて述べる。

〔1〕 **音声のソナグラム**　音声のソナグラムの例を図 4.21 に示す。

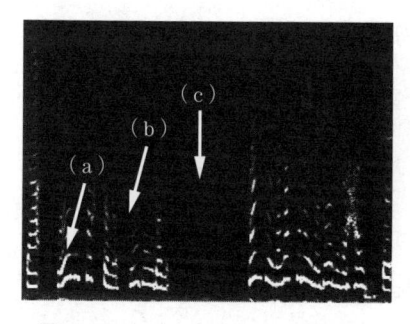

図 4.21　ニュース音声のソナグラム　　図 4.22　女声「マルチ」の
　　　　　　　　　　　　　　　　　　　　　　　　ソナグラム

図 4.21 は約 5 秒間のニュース音声であり，音声のソナグラムにはつぎの特徴が見られる。

・白線のゆるやかなカーブが多く存在する〔例えば図中 (a) の部分〕。
・白線が短時間途切れている部分が存在する〔例えば図中 (b) の部分〕。
・白線が長時間途切れている部分が存在する〔例えば図中 (c) の部分〕。

母音を発声するときには声帯振動を伴い，これが音源の基本周波数に対応し，発話とともにこの基本周波数は時間的にゆるやかに変動する。発話において音高が上昇する場合には右肩上がり，音高が下降する場合には右肩下がりの白線が表示される。そして，発話の推移とともにこれらが繰り返されるため，白線のゆるやかなカーブが描かれる。

一方，子音を発声するときには声帯振動を伴わないことが多いため，明確な音高が存在しない。その結果として短時間，白線のカーブが途切れている部分が出現する。

白線が長時間途切れている黒い帯状の部分は人が言語を話す際の間（無音区間）である。図中でも 1 秒以上の間を見ることができる。

[†] 本書でソナグラムを図示する場合，軸を特に明記しないが，横軸が時間，縦軸が周波数を表すものとする。

一つの単語の発話のソナグラム例として，女声「マルチ」のソナグラムを図4.22に示す。母音と子音からなる単音音声の特徴を見ることができる。

〔2〕 **音楽のソナグラム**　　音楽のソナグラムの例を図4.23に示す。

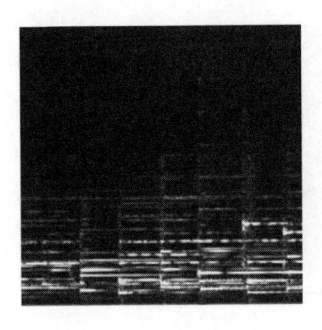

図4.23　ピアノ音のソナグラム

図4.23は約4秒間のピアノソロであり，この音楽のソナグラムにはつぎの特徴が見られる。

- 水平方向の直線が多い。
- 平行関係にある直線が多数ある。
- 音声のように白線が途切れている黒い帯状部分がない。

水平方向の直線が多く存在するのは，音楽では音高が一定のまま持続するためである。すなわち水平方向の1本の線が一つの音符と対応している。

平行関係にある直線が多数ある理由はつぎのようである。

- 楽器の多くは倍音を発するという特徴があるため，基本周波数の n 倍の周波数の直線が出現する。
- 楽曲では和音（複数の高さの音を同時に発した音）が多用されるため，同時に複数の直線が表示される。

音声のように白線が途切れている黒い帯状部分がないのは，音楽では一つの音の余韻があるため，休符音符部分にも音が残る。そのため無音区間が少ない。

〔3〕 **拍手のソナグラム**　　一人の拍手のソナグラムの例を図4.24に示す。拍手のソナグラムにはつぎの特徴が見られる。

- 手を打っている瞬間にははっきりした白線が存在せず，白くぼやけたよう

4.4 音の種別判定   157

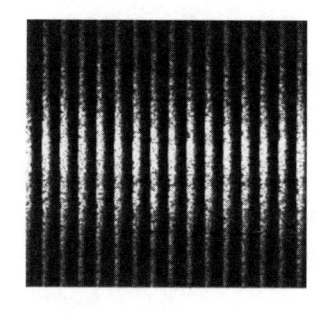

図 4.24 一人の拍手の
ソナグラム

に見える。
- 音声のようなゆるやかな曲線や音楽のような水平方向の直線がない。

明確な白線が存在しないのは，拍手では明確な音高が存在しないためである。特定の周波数成分が強いということがないため，全体的に白くぼやけている。

4.4.2 Zero Crossing Rate

Zero Crossing Rate（ZCR）とは，横軸を時間，縦軸を振幅としたとき，ある一定時間区間 T において波形が振幅値の 0（無音）を横切る回数（零交差数），言葉を変えれば，隣接する標本点の振幅値の正負が反転する回数のことであり，波形の周波数に近似した値となる〔文献 2), 12)〕。

時間区間単位を T としたとき，その区間における ZCR である Z_{CR} は

$$Z_{CR} = \sum_{i=0}^{N-2} neg(S_i \cdot S_{i+1}), \quad neg(x) = \begin{cases} 0 & (x \geq 0) \\ 1 & (x < 0) \end{cases} \quad (4.30)$$

となる。ここで，$i=0$ が時間区間 T の最初の標本点の位置，N は時間区間 T 内の標本点の数である。S_i は時間区間 T 内の標本点の位置 i の波形の振幅値であり，無音の場合は $S_i=0$ である。

音楽区間では ZCR の変動はゆるやかである。一方，音声区間では，単語発声の開始時，終了時や子音の摩擦音，破裂音の発声時において ZCR は高くなるため，音楽区間に比べると変動がある。高い周波数の音が入ると ZCR は高くなる。

4.4.3 音の動的尺度

音波形に対して，あるシフト幅でずらしつつフレーム（計算窓）ごとに分析し，ケプストラムを順次求めていくと，ケプストラムの時系列が得られる（図 4.25 の●）。ここではケプストラムの時間推移を表す動的な特徴量である**音の動的尺度**について述べる〔文献9),14)〕。

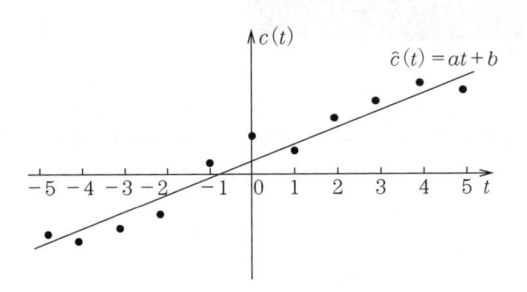

図 4.25 ケプストラムの時間推移と近似直線

図の横軸の時刻 t はフレーム位置（フレーム番号）である。注目しているフレーム位置を原点にとり，ケプストラムの局所的な時間推移を，重み付き最小二乗法により直線 $\hat{c}(t)=at+b$ で近似する。重みを $w(t)$ とすると，誤差は

$$\varepsilon = \sum_{t=-N}^{N} w(t)(c(t)-at-b)^2 \tag{4.31}$$

となり，これを最小にする a と b を求める。$w(t)$ が対称 ($w(t)=w(-t)$) ならば，a と b は

$$a=\frac{\sum_{t=-N}^{N} tw(t)c(t)}{\sum_{t=-N}^{N} t^2 w(t)}, \quad b=\frac{\sum_{t=-N}^{N} w(t)c(t)}{\sum_{t=-N}^{N} w(t)} \tag{4.32}$$

となる。近似直線の傾きである a は $c(t)$ の時刻（フレーム位置）t 周辺における平均的な推移係数である。$c(t)$ はケプストラムであるから傾き a は $\varDelta$ ケプストラムと呼ばれ，$a=\varDelta c(t)$ と表記する。N は局所性を維持するため 3～5 程度にとる。$N=4$ ならば，重みとしては，例えば $w(t)=1-0.2|t|$ などとする。

i をケプストラムの次数とし，$c(t)$ を $c_i(t)$，$\varDelta c(t)$ を $\varDelta c_i(t)$ と表現する。

このとき，音の動的尺度 $D(t)$ は，時刻 t 周辺における $\varDelta$ ケプストラム $\varDelta c_i(t)$ のケプストラム次数に関する2乗和であり，次式のように表される。

$$D(t)=\sum_{i=1}^{n}\varDelta c_i(t)^2 \tag{4.33}$$

n は10前後をとる。音の動的尺度 $D(t)$ は時刻 t 周辺の対数スペクトルのゆるやかな変動に比例している。音声にはこのようなゆるやかな変動があるので $D(t)$ は大きな値となる。また楽器演奏された音楽においても $D(t)$ は大きな値をとる。一方，定常的雑音のようにスペクトル変化がない音では値は小さくなる。

4.4.4 Spectral Flux

Spectral Flux はスペクトルの時間推移を表す特徴量であり，隣同士のフレーム（計算窓）間のスペクトル差分を用いる〔文献2), 12)〕。

時刻 t_n における Spectral Flux の算出法について述べる（**図 4.26**）。

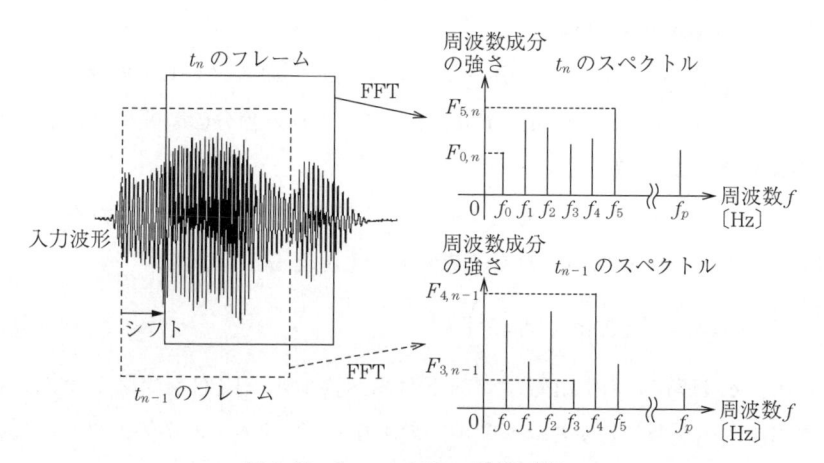

図 4.26 Spectral Flux 計算の流れ

まず時刻 t_{n-1} におけるフレーム内の波形に対して短時間フーリエ変換（実際は短時間 FFT を用いる）を適用し，スペクトルを求める。ここでスペクトル（周波数 f_k の成分の強さ）を $F_{k,n-1}$ とする。つぎにフレームを1回シフト

させた時刻 t_n において再び短時間 FFT を適用し，スペクトルの値 $F_{k,n}$ を求める．時刻 t_n の Spectral Flux は，この両者の差分としてユークリッド距離を用いて

$$SF(n) = \left(\sum_{k=0}^{p} |F_{k,n} - F_{k,n-1}|^2\right)^{1/2} \tag{4.34}$$

により計算される．FFT においては標本化周波数の2分の1未満の周波数成分しか求めることができないから（標本化定理），フレーム内の標本点数の2分の1が $p+1$ となる．

音楽は音声に比べてスペクトル変動が大きく，フレーム間の差分も大きい．そのため Spectral Flux の値は，音楽のほうが音声より大きい．また音声の中でも母音から子音の変わり目，子音から母音への変わり目では Spectral Flux は比較的大きくなるため，音声区間においては Spectral Flux 値の変動が大きい．一方，音楽における Spectral Flux 値の変動は通常，安定している．

4.4.5 Cepstrum Flux

Spectral Flux は隣同士のフレーム（計算窓）間のスペクトル差分に着目した特徴量であるが，**Cepstrum Flux** はケプストラム差分の時間推移に着目した特徴量である〔文献3)〕．

Cepstrum Flux の計算に際しては，まず波形に対して LPC 分析を行い，LPC ケプストラムを求めておく．時刻 n の Cepstrum Flux は

$$CF_J(n) = \frac{1}{J}\left(\sum_{i=1}^{J} |\boldsymbol{c}_n - \boldsymbol{c}_{n-i}|^2\right)^{1/2} \tag{4.35}$$

である．$\boldsymbol{c}_n$ は時刻 n の LPC ケプストラムベクトル（LPC ケプストラムの各次数対応の値を要素とするベクトル）であり，J は比較する過去のフレームの数である．つまり，$CF_J(n)$ は，時刻 n の基準となるフレームの LPC ケプストラム $\boldsymbol{c}_n$ と，それより以前の J 個の LPC ケプストラムとのユークリッド距離の平均をとった特徴量である（**図4.27**）．

Cepstrum Flux は，音声では大きな値となり，音楽では小さな値になる傾

4.4 音の種別判定   161

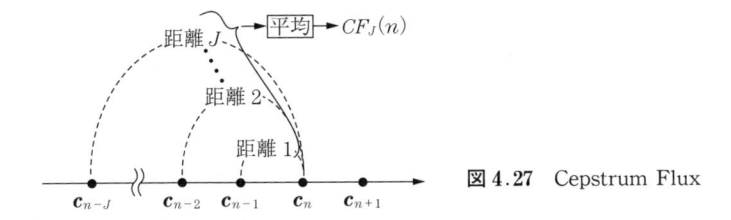

図 4.27 Cepstrum Flux

向がある。また，拍手や川のような音も大きな値をとる。Spectral Flux よりも高精度に音楽と音声を識別できる。

4.4.6 Block Cepstrum Flux

複数のフレーム（計算窓）を内包するブロックを考える。そしてブロック内での Cepstrum Flux の平均をとったものが **Block Cepstrum Flux** である〔文献 3)〕。時刻 n の Block Cepstrum Flux は

$$BCF_W(n) = \frac{1}{W}\sum_{i=0}^{W-1} CF_J(n-i) \tag{4.36}$$

である。W はブロック長，すなわち1ブロック内のフレーム数である。Block Cepstrum Flux では，複数のフレームにわたる平均をとるため，雑音などの突発的な音の影響を受けにくくなり，Cepstrum Flux に比べ音声と音楽の識別精度が向上する。Block Cepstrum Flux の値も，音声において大きく，音楽において小さくなる傾向がある〔文献 3), 12)〕。

4.4.7 4 Hz 変調エネルギー

4 Hz 変調エネルギー（4 Hz modulation energy）は，音声情報が多く含まれる4 Hz 付近の変調周波数のエネルギーに着目した特徴量である〔文献 2), 5), 12)〕。

ある特徴量の時間変動を周波数次元で表現したものが変調スペクトルである。特徴量として音波形のスペクトルを考えると，スペクトル自体も時間変動する。このスペクトル自体の時間変動の周波数が変調周波数であり，スペクトル自体の時間変動をフーリエ変換して得られる変調周波数（横軸）とその成分

（縦軸）を表示したグラフが変調スペクトルである．

音声情報の多くは1～16 Hzの変調周波数帯に存在し，特に4 Hz付近の変調周波数が最も重要であることが知られている．発話において1秒間におおよそ4音節が発話される（音節については4.1.3項参照）．つまり平均的な音節速度が4 Hzであり，これに対応して変調周波数4 Hz付近に音声情報が集まる．4 Hz変調周波数というのは，音波形の周波数が4 Hzということではなく，スペクトル自体の時間変動（変調周波数）が4 Hzということである．音声の特徴が4 Hz付近の変調エネルギー（変調周波数の成分あるいは変調スペクトル成分）に集まるため，4 Hz変調エネルギーは音声と音楽の識別に有効であるといわれる．

4 Hz変調エネルギーを求める手順を説明する．

手順1　音波形を短時間FFTしてスペクトルを求める．各フレームごとにスペクトルが求まる．

手順2　スペクトルの周波数軸をメル周波数軸に変換する．人は100 Hzの音を聴いたとき，50 Hzの音の倍音とは感じない．人の聴覚は，音の高さに関して，メル（mel）尺度と呼ばれる対数に近い非線形の特性を示し，低い周波数では細かく，高い周波数では粗い周波数分解能をもつ．そこで，周波数1 kHzで最小可聴レベルより40 dB大きい純音のピッチ（高さ）を1000メル（Mel）と定義し，高さが2倍に感じられる音を2000メル，半分に感じられる音を500メルとする．物理的周波数fからメル周波数f_{MEL}への変換式は

$$f_{MEL} = 2595 \times \log\left(1 + \frac{f}{700}\right) \tag{4.37}$$

である．メル尺度（メル周波数）は，音の高さに関する人の感覚的な尺度（周波数）であり，メル周波数軸では，人が感覚的に倍音と感じる目盛刻みが採用されている．標本化周波数が44.1 kHzならば標本化定理より，スペクトルは0から22.05 kHzであるから，メルに変換すると0から3923 Melとなる．

4.4 音の種別判定　163

手順3　変換したメル周波数軸上に等間隔でフィルタを配置し，フィルタする。すなわち，メル周波数軸上を等間隔に分割し，各分割区間に対してフィルタリングする。これをフィルタバンク分析といい，各分割区間をチャネルという。チャネルの中心周波数に関してフィルタする。いまチャネル数を L 個とすると，フィルタの結果，L 個の各チャネルに関して，メル周波数成分の大きさが抽出され，エネルギー（パワースペクトル，振幅スペクトル）が計算できる。L は 40 程度である。

手順4　求めたエネルギーをバンドパスフィルタでフィルタする。バンドパスフィルタとは，ある中心周波数帯の周波数のみを通過させ，その低域と高域の周波数をカットあるいは減衰させるフィルタである。ここでは，フィルタの中心周波数を 4 Hz とする。これにより，各チャネルの変調周波数 4 Hz 付近のエネルギーが計算できる。フレーム n，チャネル i のエネルギーを $m_{4Hz}(n, i)$ と表記する。

手順5　エネルギー $m_{4Hz}(n, i)$ を L 個のチャネルすべてに関して合計する。そして，フレーム n の平均エネルギーで正規化する。

以上の手順の結果，フレーム n の 4 Hz 変調エネルギー（4 Hz modulation energy）である $4HZM_W(n)$ は

$$4HZM_W(n) = \frac{1}{W}\sum_{w=0}^{W-1}\left\{\frac{1}{E(n-w)} \times \sum_{i=1}^{L} m_{4Hz}(n-w, \ i)\right\} \quad (4.38)$$

となる。ここでは複数フレームを内包するブロックを考えており，W は 1 ブロック内のフレーム数であり，ブロック長という。$E(n)$ はフレーム n のエネルギーである。式 (4.38) を見ればわかるように，現在フレーム n から，$n-1$，$n-2$，…，$n-W+1$ と 1 ブロック長分さかのぼって総和を求め，ブロック長で割ることにより，フレーム n の 4 Hz 変調エネルギーを求めている。フレーム n のエネルギー $E(n)$ は

$$E(n) = \sum_{k=1}^{n} f_k^2 \quad (4.39)$$

あるいは

$$E(n) = \sum_{k=1}^{n} f_k \qquad (4.40)$$

である。ここで f_k は FFT 出力の k 番目の周波数成分，n は FFT で出力される周波数値の総数である。音声の 4 Hz 変調エネルギーは音楽に比較して大きい。

4.5 ウェーブレット変換

ウェーブレット変換（wavelet transform）は JPEG2000 において採用されたことで注目を集めた。1.5.3 項の JPEG で説明したように，JPEG ではブロック歪みと呼ばれる雑音が発生する。これは量子化により DCT 係数の情報を削減したことより生じる。そこでブロック歪みを解消する目的で DCT の代わりに離散ウェーブレット変換が導入された。以降，ウェーブレット変換と不確定性原理，連続ウェーブレット変換，離散ウェーブレット変換，ウェーブレットスペクトルについて述べる〔文献 8)〕。

4.5.1 不確定性原理

フランス人の石油探査技師ジャン・モルレー（Jean Morlet）は石油の埋蔵場所探索の目的で，フーリエ変換を用いて人工地震の反射波の解析を行っていた。そして，波形の時間変動に関する情報欠落というフーリエ変換の弱点克服のため，1980 年代にウェーブレット変換を考案した†。

4.2 節で述べたように，フーリエ変換では波形を周波数，振幅，位相が異なる三角関数の線形和で近似した。言葉を変えると，基底関数を三角関数とし，周波数に関して波形との相関を求めた。三角関数の線形和は周期関数であるため，波形が周期をもって無限に続くという前提に立った近似表現になっている。よって，時間によって波形の特性が変動する場合は，フーリエ変換では近似することが難しい。

---

† ウェーブレットとは，さざ波，あるいは小さな波のことである。

このようなフーリエ変換の弱点を補うために，4.2.6項で説明したように，短時間フーリエ変換が考案された。この短時間フーリエ変換では時間区間ごとにスペクトルを計算することにより，特定の短時間区間の周波数成分を求めることはできる。しかし特定の短時間区間に限定することにより，使用できる波形データが減少し，それに起因して，周波数成分の精度（周波数分解能）が低下してしまう。フレーム長（計算窓の幅）を増加させれば，使用できる波形データは多くなり周波数分解能は向上するが，波形の定常性という仮定が崩れ，波形の時間変動に追従できにくくなってしまう。これを時間分解能が低下するといった。この場合，周波数分解能と時間分解能はどちらかを向上させれば他方が低下するという関係になり，これを周波数分解能と時間分解能の不確定性原理といった（4.2.7項 参照）。

一方，ウェーブレット変換ではウェーブレット関数と呼ばれる非周期関数を基底関数とし，波形を近似する。ウェーブレット変換では，短時間フーリエ変換のようにフレーム長を小さくしなくとも，スペクトル（周波数）と時間情報を結び付けることができるため，周波数分解能×時間分解能を短時間フーリエ変換に比較して小さくできる。

4.5.2 連続ウェーブレット変換

4.2.6項の短時間フーリエ変換の式 (4.8) において，固定であった窓関数の幅 d を可変とするとつぎの式を得る（窓掛けを行う時刻を b とする）。

$$F(d, \omega, b) = \int_{-\infty}^{\infty} f(t) w_d(t-b) e^{-i\omega t} dt \tag{4.41}$$

ここで，角周波数 ω を固定とし

$$\Psi_{a,b}(t) = w_a(t-b) e^{-i\omega t} \tag{4.42}$$

とおくと，式 (4.41) は

$$F(a, b) = \int_{-\infty}^{\infty} f(t) \Psi_{a,b}(t) dt \tag{4.43}$$

となる。この式 (4.43) がウェーブレット変換の基本式であり，$\Psi_{a,b}(t)$ がウェーブレット関数である。つまり，ウェーブレット変換は，窓関数の幅が可変

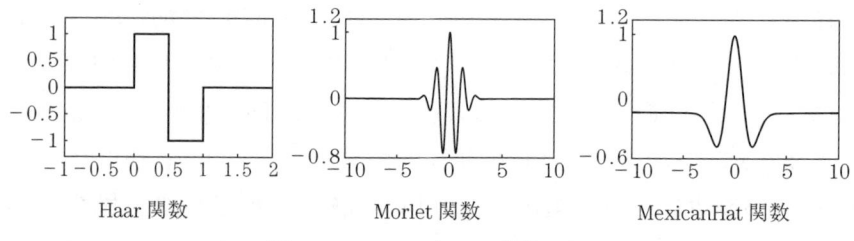

図 4.28 ウェーブレット関数の例

で周波数固定の関数 Ψ と，波形との相関をとる変換といえる．ウェーブレット関数の例を図 4.28 に示す．

実際に波形との相関を求めるためには，これらの関数に変形を加えるので，図 4.28 のウェーブレット関数をマザーウェーブレットという．

Haar 関数はアルフレッド・ハール（Alfréd Haar）により考案され

$$\Psi(t) = \begin{cases} 1 & (0 < t < 0.5) \\ -1 & (0.5 < t < 1) \\ 0 & (それ以外) \end{cases} \tag{4.44}$$

で表される．Morlet 関数は

$$\Psi(t) = e^{i2\pi f_c t} e^{-\frac{t^2}{f_b}} \tag{4.45}$$

で表される．図は $f_b = 2$，$f_c = 5/2\pi$ である．MexicanHat 関数は

$$\Psi(t) = (1 - 2t^2) e^{-t^2} \tag{4.46}$$

で表され，対称軸の回りに回転させるとメキシコ帽の形に似た曲面となる．

ウェーブレット関数はマザーウェーブレットを時間軸方向に拡大・縮小（スケール），および時間軸方向に平行移動（シフト）という変形を施したものである．つまり，フーリエ変換は基底関数を三角関数とし，周波数に関して対象関数との相関を求めたが，ウェーブレット変換は，基底関数をウェーブレット関数とし，ウェーブレット関数に拡大・縮小と平行移動を行うことで対象関数との相関を求める．

マザーウェーブレット Ψ を a だけスケールさせ，b だけシフトしたウェーブレット関数 $\Psi_{a,b}(t)$ は，つぎの式で表される．

$$\Psi_{a,b}(t) = \frac{1}{\sqrt{a}} \Psi\left(\frac{t-b}{a}\right) \tag{4.47}$$

a がスケール，b がシフトである．$\int_{-\infty}^{\infty} |\Psi(t)|^2 dt$ はウェーブレット関数のエネルギーであり，スケール後もエネルギーが同じになるように $\sqrt{a}$ で割り，正規化する．ちなみにウェーブレット関数のエネルギーは有限である．

例として，Haar 関数をマザーウェーブレットとし，a だけスケール，b だけシフトしたウェーブレット関数を図 4.29 に示す．ウェーブレット関数において b が時刻，a が周期に相当する．

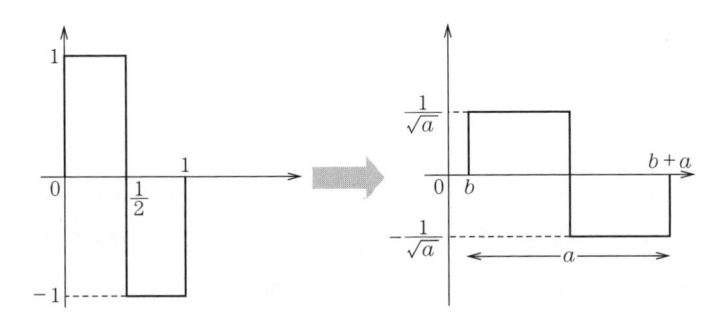

図 4.29 シフトとスケール

波形 $f(t)$ とウェーブレット関数 $\Psi_{a,b}(t)$ との内積を用いた連続ウェーブレット変換は次式のように表される．

$$W(a,b) = \int_{-\infty}^{\infty} f(t) \Psi_{a,b}(t) dt \tag{4.48}$$

$W(a,b)$ をウェーブレット係数といい，波形（対象関数）とウェーブレット関数の相関の強さを表している．$W(a,b)$ において，スケール a の逆数である $1/a$ が周波数，シフト b が時刻に相当するから，$W(a,b)$ は時刻 b における周波数成分の大きさを表している．すなわち $W(a,b)$ はスペクトルを表す関数である．

4.5.3 離散ウェーブレット変換

フーリエ変換の場合と同様に，デジタルデータを対象とする場合は，ウェーブレット変換においても，スケール a やシフト b を離散値とする離散ウェー

ブレット変換を用いる。離散ウェーブレット変換における変形，すなわちスケール a やシフト b は，通常，つぎのような離散値をとる。

$$a = 2^{-j}, \quad b = k \cdot 2^{-j} \quad (j, k \text{ は整数}) \tag{4.49}$$

$j=0, \pm 1, \pm 2, \cdots$ と変化させるとウェーブレット関数の縦幅 a は倍々，あるいは半分，そのまた半分というようにスケール（拡大縮小）する。$k=0, \pm 1, \pm 2, \cdots$ と変化させることにより，b すなわち時間軸上の位置をシフト（移動）させることができる。これにより，式 (4.47) の

$$\Psi_{a,b}(t) = \frac{1}{\sqrt{a}} \Psi\left(\frac{t-b}{a}\right)$$

はつぎのようになる。

$$\Psi_{j,k}(t) = \frac{1}{\sqrt{2^{-j}}} \Psi\left(\frac{t - k \cdot 2^{-j}}{2^{-j}}\right) = \sqrt{2^j}\, \Psi(2^j t - k) \tag{4.50}$$

これを用いたウェーブレット変換を離散ウェーブレット変換という。対象関数を $f(n)$ とし，この関数の標本点の数を N（ただし N は 2 のべき乗）とする。よって n は N 個の離散値をとる。このとき，離散ウェーブレット変換は

$$W(j, k) = \sum_{n=0}^{N-1} f(n)\, \Psi_{j,k}^{*}(n) \tag{4.51}$$

となる[†]。$W(j, k)$ がウェーブレット係数すなわちスペクトルとなる。

4.5.4　ウェーブレットスペクトル

スペクトルを表すウェーブレット係数 $W(a, b)$ はフーリエ変換によるスペクトル（フーリエスペクトル）と異なり，3 次元空間において表現される関数となっている。ウェーブレット変換でスペクトルを計算する場合には，スペクトルに時間情報が残るため，2 次元上で表現されるフーリエスペクトルよりも 1 次元多くなる。ウェーブレット変換によって得られるスペクトルをウェーブレットスペクトルと呼ぶ。**図 4.30** にウェーブレットスペクトルの例を示す。

図 4.30 左が波形であり，時間推移とともに低周波数の波形から高周波数の

[†] Ψ^{*} は Ψ の複素共役。

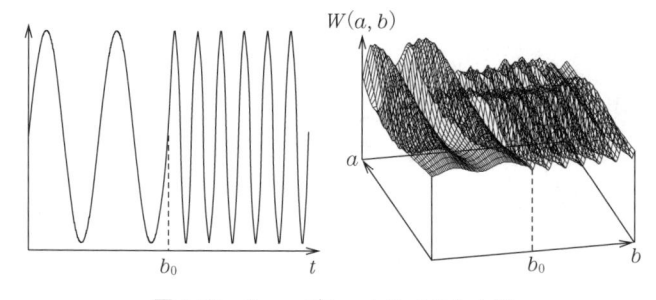

図 4.30 ウェーブレットスペクトル例

波形へと変化している。図 4.30 右がその波形にウェーブレット変換を行った結果のウェーブレットスペクトルである。この図において，シフト b が増加，すなわち時間が経過すると，$b=b_0$ でスペクトル $W(a,b)$ が大きく変化する。$1/a$ が周波数に相当するから，時間前半（$b<b_0$）に低周波数成分が多く含まれ，時間後半（$b>b_0$）は前半よりも高周波数成分が多いことがわかる。このように，ウェーブレットスペクトルには周波数成分と時間情報の両方が含まれており，周波数と時間の両面から波形を解析することができる。この例におけるマザーウェーブレットは Morlet 関数であり，式 (4.45) において $f_b=2$，$f_c=5/2\pi$ である。

ウェーブレット変換は，フーリエ変換と違い，選択したマザーウェーブレットによって結果のスペクトルが異なる。そのため，波形の形状や解析目的によりマザーウェーブレットが選択される。

以上，本章では音声情報処理研究から発展を見せた音メディアの処理技術について述べた。音メディアはいったんスペクトルに変換してから処理をするため，スペクトル関連技術に慣れることがポイントである。その理解のためにスペクトル処理の基本であるフーリエ変換，時間区間ごとにスペクトルを求める短時間フーリエ変換，音声波形のスペクトル分析，周波数分解能×時間分解能に優れるウェーブレット変換などについて述べた。また，Web 応用において重要であり，今後の技術進歩が期待される音の種別判定についても述べた。

5 テキストメディア

　テキスト認識という語は，OCR（optical character recognition，光学文字認識）などによる画像を入力とした文字認識の意味で使用されることが多い．一方，本書においては，テキスト認識という語は，ある文書の内容がどのようなものであるかの認識という意味で使用する．つまり，文字認識というのはある文字がなんであるかを認識すること，音認識というのはある音がなんであるかを認識すること，画像認識というのはある画像がなんであるかを認識することであり，テキスト（文書）認識は，ある文書の内容がなんであるかを認識することである．パターン認識手法においては，文字認識は類似文字の検索であり，音認識は類似の音の検索であり，画像認識は類似画像の検索であったから，テキスト認識は類似テキストの検索である．本章では，このテキスト認識のうち，テキスト検索におけるテキスト（文書）とテキスト（文書）の類似度に向けて説明を進める．

　音や画像と同様に，テキスト認識においても前処理が必要である．まず，代表的前処理である形態素解析，Nグラム，不要語削除，中頻度語について述べた後，テキスト検索において重要となるテキスト（文書）を特徴づける語の重み，それを用いた検索手法，検索における性能評価尺度などについて述べる．

5.1　形 態 素 解 析

　本節では，形態素解析とはなにか，日本語における品詞と文節について述べた後，形態素解析における曖昧性解消の各種手法と課題について述べる〔文献 8), 9), 11)〕．

5.1.1 形態素解析とは

例えば，英語では「John plays the piano.」のように単語と単語の間には空白（スペース）が入っている。これを分かち書きというが，日本語は「ジョンはピアノを弾く。」のようにそうはなっていない。そのために日本語テキスト認識においては，まず分かち書きにする必要がある。

文を意味のある最小の言語要素（形態素）に分割する処理（分かち書き処理）が日本語文における**形態素解析**（morphological analysis）の主たる役目であり，これはテキスト認識の前処理として重要である。

形態素解析を行うためには，文法を決め，辞書を用意する必要がある。形態素解析の結果，それぞれの形態素には名詞，動詞，助動詞，助詞といった品詞が付与される。5.3節で述べるように，助詞，助動詞といった機能語は不要語として除去するなどの処理をするから，品詞付与は重要である。一方，文書の内容を特徴づけている語は特徴語と呼ばれる。テキスト検索における特徴語は索引語（index term）であり，テキスト要約における特徴語は要約語である。除去せずに残す必要のある特徴語を適切に選択するための前処理として，形態素解析を行う。

いくつかのフリーで使用できる形態素解析ツールがある。例えば，ChaSen[†] 2.4.1 を使用して，「1789年アインシュタインはドイツのウルムで誕生した。」という文を形態素解析した結果を**表5.1**に示す。

未知語というのは辞書に登録されていない語であり，未定義語ともいわれる。未知語は固有名詞である可能性が高いので，未知語は名詞と仮定し，この表の中から，名詞のみをキーワードとして抽出することにより

「1789年　アインシュタイン　ドイツ　ウルム　誕生」

を得ることができ，これはこの文の要約になっており，テキスト認識への利用可能性が出てくる。日本語形態素解析においては，例えば，「すもももももももももはもも」という文があったとき，「すもも｜も｜もも｜も｜もも｜は｜もも」（李も桃も桃は桃）と解析できる必要がある。

[†] http://chasen-legacy.sourceforge.jp/

表5.1 形態素解析結果

文字列	品詞の種類
1	名詞-数
7	名詞-数
8	名詞-数
9	名詞-数
年	名詞-接尾-助数詞
アインシュタイン	名詞-固有名詞-人名-姓
は	助詞-係助詞
ドイツ	名詞-固有名詞-地域-国
の	助詞-連体化
ウルム	未知語
で	助詞-格助詞-一般
誕生	名詞-サ変接続
し	動詞-自立
た	助動詞
。	記号-句点

　一方，英語においては単語間に空白があるため，前処理として分かち書きは不要である．しかし，英語では，動詞は三人称単数現在形，過去形，進行形のような変化があり，形容詞には比較級，最上級といった変化があり，名詞には複数形という変化がある．このような変化を語形変化といい，英語における形態素解析として一般的なものが，各種語形変化を解析，正規化し，単語の原形〔語幹（stem）ともいう〕を求める接辞処理（stemming）である．例えば，動詞 plays の三人称単数現在を示す s を削除し，語幹 play を求める処理である．この三人称単数現在を示す s を接尾辞という（動詞の接尾辞は活用語尾ともいわれる）．接辞処理の一つが接尾辞を削除・変換して，語幹を求める接尾辞処理である．接尾辞にはこの他に抽象的な名詞をつくる -ism，-ness，形容詞をつくる -ish，-ive などがある．一方，語の頭に付くのが接頭辞であり，ex-，in-，re-，pre-，com- などがある．このような接頭辞には，un-，dis-，in-，anti- など意味を逆転するものも多く，削除すると意味が違ってしまう場合があるので，削除対象にしないことが多い．

次項に日本語文法における品詞と文節，そしてそれ以降に日本語文の形態素解析の各種手法について述べる。

5.1.2 品詞と文節

品詞は，単語を意味や形といった基準で分類し，分類ごとに付けた名称であり，具体的な名称としては名詞，動詞などがある。多くの品詞分類法があるが，最大公約数的には表5.2のようになる。最右欄は単語例である。

表5.2 品詞分類

自立語	活用あり（用言）		動詞	飛ぶ，見る
			形容詞	貧しい，明るい
			形容動詞	静かだ，賑やかだ
	活用なし	主語になる（体言）。	名詞	大学，情報
		主に用言を修飾する。	副詞	ときおり，きわめて
		体言を修飾する。	連体詞	あの，いわゆる
		主語，修飾語にならない。単独で使用される。	接続詞	しかし，だから
			感動詞	ああ，もしもし
付属語	活用あり		助動詞	れる，させる
	活用なし		助詞	は，が，を，から

自立語は単独で文節を構成でき，付属語は自立語に付属しないと文節を構成できない。文節とは意味的なまとまりの最小単位であり，「ネ」や「サ」を入れて区切ることができるといわれる。例えば，「長女は四月から中学校に進学する」という文を文節に区切ると，「長女は｜四月から｜中学校に｜進学する」となり，単語ごとに区切ると「長女｜は｜四月｜から｜中学校｜に｜進学｜する」となる。

形態素解析においては曖昧性が生じることがあり，この曖昧性を解消するための各種の手法がある。以降にそれらについて述べる。

5.1.3 最長一致法

例えば，「にわとりがいる」という文があったとしよう。この場合，「二羽鳥

がいる」「鶏がいる」という2通りの解釈が可能である．文の先頭から解析を始め，曖昧性，すなわち可能性のある複数の単語の候補が生じた場合，解釈可能な複数の単語のうち，最長のものを選択してからさらに先の解析に進む，という規則を用いる．「二羽」より「鶏」のほうが長いので，解釈を「鶏がいる」に決定する．これを最長一致法という．この手法は多くの場合にうまくいくという経験則に基づく手法である．

例えば，辞書に単語「学」「工学」「機構」「計算」「気候学」「計算機」の6単語のみが登録されている場合，「けいさんきこうがく」という文字列は最長一致法では「計算機｜工学」という解釈となる．辞書に単語「計算機構」が新たに追加されると解釈は「計算機構｜学」になる．

最長一致法は文の先頭から順に解釈を決定して，つぎに進んでいき，いったん決定した解釈が後で覆ることがないため，処理は速いが，文全体を見ていないという弱点をもつ．

5.1.4 単語数最小法

文を単語に区切っていくとき，単語数が最小の区切り方を選択する手法が単

表5.3 単語辞書例

見出し語	読み	品詞
歓迎会	かんげいかい	名詞
歓迎	かんげい	名詞
津	つ	名詞
会津	あいづ	名詞
大学	だいがく	名詞
会津大学	あいづだいがく	名詞
大学院	だいがくいん	名詞
院生	いんせい	名詞
生協	せいきょう	名詞
議会	ぎかい	名詞
協議会	きょうぎかい	名詞
様	さま	名詞

語数最小法であり，経験則に基づく手法である．例えば，文が「歓迎会津大学院生協議会様」で，単語辞書が**表**5.3のようであったとしよう．

このとき，最長一致法では，「歓迎会｜津｜大学院｜生協｜議会｜様」という6単語の分割となり，単語数最小法の分割は「歓迎｜会津大学｜院生｜協議会｜様」の5単語となる．単語数最小法は文全体を見て，可能なすべての組合せを調べ上げてから[†]，単語数最小となる解釈をするため，最長一致法に比べ，処理時間はかかるが，精度は高いといわれる．

5.1.5 接続表を用いる手法

ある品詞のつぎにどのような品詞が来ることができるのか，できないのかを品詞間の接続可能性（連接可能性）という．形態素解析をするときに接続可能性を考慮する手法であり，文法に基づく手法である．例えば，**表**5.4のような接続可能性を表形式にした品詞接続表を用意しておく．

表5.4 品詞接続表

左＼右	名詞	助詞	形容詞	動詞
名詞	○	○	×	×
助詞	○	×	○	○
形容詞	○	×	×	×
動詞	○	×	×	○

表5.5 単語辞書例

見出し語	読み	品詞
毛	け	名詞
怪我	けが	名詞
細かい	こまかい	形容詞
が	が	助詞
付く	つく	動詞

実際の品詞には表に掲載されていない形容動詞，副詞，助動詞などがあり，さらに名詞には固有名詞，数詞，代名詞など，より詳細な分類があり，動詞など活用語においては各活用形を一つの品詞とするため，実際の接続表における品詞種類はきわめて多数となる．

表において，左というのは左側の単語の品詞名，右というのは右側の単語の品詞名ということである．そして i 行 j 列の要素が○ならば接続可能であり，×ならば接続不可能である．例えば，「美しい湖」の場合，左側の単語「美

[†] これを総あたり探索という．

しい」の品詞は形容詞であり，右側の単語「湖」の品詞は名詞であり，このような接続は自然である．そこで接続表の3行1列の要素を見ると○であり，確かに接続可能になっている．

さて単語辞書が**表5.5**のようである場合，「こまかいけがつく」という文を最長一致法あるいは単語数最小法のみで解析すると「細かい怪我付く」という解釈が選択される．

一方，表5.4の品詞接続表を見ると，名詞にまず「は，が，を」などの助詞が接続し（1行2列），そのつぎに動詞が来る（2行4列）といった「名詞—助詞—動詞」という接続は許されている．しかし，1行4列を見ると助詞なしに名詞の後にいきなり動詞が直接接続することは許されていない．このように，接続表に基づく接続可能性により最長一致法を補完しつつ解析すると，「細かい毛が付く」という解釈を選択することができる．

5.1.6 二文節最長一致法

文の先頭から解析していく．まず二つの文節（第1文節+第2文節）の長さが最長の組の中で，第2文節の長さが最も長い解釈を選択し，第1文節を決定する．続いて第2文節からの残りの文字列を同様に解析していく．例えば「あすはいひんをひきとる」という文は，二文節最長という規則と接続表を用いた先頭から7文字目までの解析において

あすは | いひんを

あす | はいひんを

の二つの解釈が可能となる．そして，2番目の解釈のほうが第2文節の長さがより長いので，これが選択され，「あす」が第1文節として決定される．続いて「はいひんをひきとる」の解析に入る．結果，この文においては「明日廃品を引き取る」という解釈が選択される．このように，二文節最長一致法は，経験則に基づく最長一致法と，文法に基づく接続表の双方を取り入れた手法である．

二文節最長一致法の二文節を N 文節に拡張した N 文節最長一致法もある．

$N=3$ の場合は，三つの文節（第1文節＋第2文節＋第3文節）の長さが最長の組の中で，第3文節の長さが最も長い解釈を選択し，第1文節を決定する。

5.1.7　接続コスト最小法

　経験則に基づく最長一致法，単語数最小法と，文法に基づく品詞間の接続可能性だけでは正しい選択ができない場合がある。5.1.5項の例では，名詞と動詞が助詞抜きで接続しない，という接続表を用いたが，実際の文では「英雄現る」のように名詞と動詞が直接接続する多くの例がある。ただ，名詞と動詞が直接接続する場合よりも間に助詞が入る場合のほうが相対的に多い。そこで，接続可と接続不可という二値ではなく，接続可能性が高いほど小さな数値（コスト）を与えるようにして，総コストを最小にする解釈を選択するという手法が，接続コスト最小法である。つまり表5.4のます目が○，×ではなく，数値が入る。

　また単語自体にもコストを設定する。出現頻度（回数）の多い単語には小さなコストを，まれにしか出現しない単語には大きなコストを設定する。そして，接続コストと単語コストの合計が最小となる解釈を選択する。単語コスト，接続コストは各種のデータを収集することにより決定しなければならないが，最長一致法，単語数最小法に比べて形態素解析の精度（正確度）は高い。

5.1.8　課　　　題

　5.1.6項の例文の「あすはいひんをひきとる」には「明日廃品を引き取る」の他に「明日は遺品を引き取る」という解釈の可能性，すなわち曖昧性がある。このような文の場合，どちらが正しいかを決定するには，経験則や文法，辞書だけでなく，前後の文の内容など，意味に踏み込んだ処理が課題となる。

　「きょう」には「今日」「京」といった同音異義語，「きた」には「来た」「着た」といった同音異義語があり，実際の文の中では意味を考慮して正しいほうを選択しなければならないという課題がある。

　新語，造語がつぎつぎに生まれてくるのが言葉であるから，辞書に登録され

ていない未知語（未定義語）は必ず出現する．この処理も形態素解析の課題である．

また blog などに使用される口語に関する課題がある．口語は文法に則していない場合が多く，正しい形態素解析がしにくい．また電子メールなどに多用される絵文字の処理も課題である．

5.2 N グラム

一方，テキスト検索などにおいて単語以外の文字列を単位とする **N グラム**（N-gram）という手法もある．N グラムというのは，文の先頭から N 文字抽出，1文字ずらし，また N 文字抽出，1文字ずらし，…という操作を繰り返し，その N 文字を索引語とする手法である．N が1の場合をユニグラム，2の場合をバイグラム，3の場合をトライグラムという．また，漢字，ひらがな，カタカナといった異なる文字種類ごとに N を変更する複合手法もある．

表5.6 に「マルチメディア情報処理」という文をいくつかの N グラム手法で索引語に分割した例を示す．この例における複合手法はカタカナが $N=3$，漢字が $N=2$ である．

表5.6 N グラムによる索引語

抽出単位	索 引 語
ユニグラム	マ｜ル｜チ｜メ｜デ｜ィ｜ア｜情｜報｜処｜理
バイグラム	マル｜ルチ｜チメ｜メデ｜ディ｜ィア｜ア情｜情報｜報処｜処理
トライグラム	マルチ｜ルチメ｜チメデ｜メディ｜ディア｜ィア情｜ア情報｜情報処｜報処理
複合手法	マルチ｜ルチメ｜チメデ｜メディ｜ディア｜情報｜報処｜処理

5.3 不要語削除

テキスト検索やテキスト要約などのテキスト認識における効率的な処理のために，重要度が低いと思われる語を前処理において文中から削除しておく必要

がある．重要度が低いというのは，文書の特徴づけに貢献しないため索引語，要約語などの特徴語としては適切でなく，必要のない語（不要語）であるということである．以降，不要語（stop word）の削除について述べる．

　文は，文の内容に関係する語（**内容語**）と，内容とは無関係ではあるが文として成立するうえで必要な語と語の関係を表す語（**機能語**）から構成される．例えば，「クレジットカードを拾う」という文において，「クレジットカード」は「カード加盟店における物品の購入時に，店から提示される紙片に署名をすることにより物品購入ができるカード」，「拾う」は「下に落ちているものを取り上げる」という概念を表している．しかし「を」はなにかの概念を表しているのではなく，「拾う」対象が「クレジットカード」であるという語と語の関係を表している．概念を表している語は内容語であり，語と語の関係を表している語は機能語である．機能語は語の品詞情報によって決定され，通常，助詞，助動詞を機能語とする．そして，それ以外の品詞を内容語とする．

　機能語は文を特徴づける語（特徴語）ではないが，それでは内容語すべてが特徴語かというと，そうではない．例えば，「する」「ある」「なる」といった動詞や「事」「こと」「物」「もの」のように頻繁に出現する内容語（これを**一般語**という）は文の特徴になりにくい．あるしきい値を設け，それ以上の回数，頻繁に文中に出現する内容語を一般語とする．

　通常，機能語と一般語を不要語とし，不要語リスト（stop word list）に登録し，削除の対象にする．そして，不要語以外が，テキスト検索における索引語などテキスト認識にとって必要な語となる．ただし，個々の語は不要語リストに入っているが，それらが結合したときには，文あるいは文の集合である文書を特徴づける語となる場合もある．例えば，「もう」「一度」「彼女」「に」がそれぞれ不要語リストに入っていても，「もう一度彼女に」という有名な映画があれば，映画に関連する文書を特徴づける語になる．テキスト認識の難しさの一つである．

5.4 特徴語と出現頻度

文書集合においては，ほんの少数種類の語が多数回出現する．例えば英語においては「the」「of」「The」が全出現語の1割程度を占めることが知られており，このような語は文書を特徴づける語（特徴語）としては適切とはいえない．一方，大部分の語はきわめて少数回しか出現しないし，一般に文書集合内の全種類の語の半分は1回しか出現しないといわれる．このような，きわめて多数回出現する語（高頻度語）ときわめて少数回しか出現しない語（低頻度語）は特徴語としては適切でないといわれる〔文献2)〕．

そこで，高頻度語と低頻度語をあらかじめ除外し，中頻度語を特徴語として選択するという手法が考えられる．中頻度語の決定に，**Zipf**（ジップ†）**の法則**という経験則が用いられる．Zipf の法則とは，文書集合中の語を頻度（出現頻度，出現回数）の最多の語から順に並べると，順位 r と頻度 f の積が定数 k になる，すなわち

$$r \times f = k \tag{5.1}$$

という経験則である（**図 5.1**）．ここにおいて順位1位（$r=1$）の語が頻度最多の語（最頻度語）である．

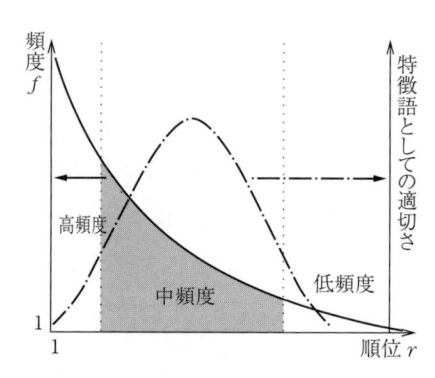

図 5.1 Zipf の法則と特徴語としての適切さ

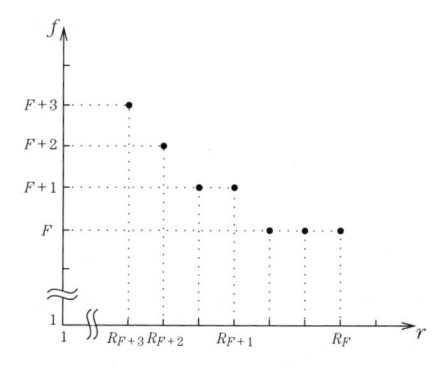

図 5.2 頻度が等しい語が複数ある場合

---
† ジフと発音する場合もある．

しかし，頻度が少ない語（低頻度語）になると，頻度が等しい語が複数種類存在するようになる。そこで頻度が等しい複数種類の語があったとき，その順位を図 5.2 のように付与するものとする。図において，頻度が等しい語が N 種類あったとき（重複語数が N ということにする），順位を最後尾の語に与える。例えば，頻度 F の重複語数が 3 の場合，最後尾の語に順位 R_F を付与する。よって，頻度 F の重複語数を $V(F)$ と表すと，Zipf の法則を用いて

$$V(F) = R_F - R_{F+1} = \frac{k}{F} - \frac{k}{F+1} = \frac{k}{F(F+1)} \tag{5.2}$$

となる。よって，頻度 f における重複語数 $V(f)$ [†] は

$$V(f) = \frac{k}{f(f+1)} \tag{5.3}$$

となる。また出現する語の全種類数を T とすると，一般に全種類の語の半分は 1 回しか出現しないといわれるから

$$\frac{V(1)}{T} = 0.5 \tag{5.4}$$

である。式 (5.3)，(5.4) より $k = T$ となり

$$\frac{V(f)}{T} = \frac{1}{f(f+1)} \tag{5.5}$$

が得られる。式 (5.5) より低頻度語になるほど $V(f)$ が大きいことがわかる。さらに例えば $V(2) = 0.167T$，すなわち文書集合内の全種類の語 T 個のうち16.7％が 2 回しか出現しない語であることが示される。

低頻度側の中頻度の目安，すなわち低頻度語と中頻度語の境界は，式 (5.5) において $V(f) = 1$ としたところ，すなわち頻度 f の語の重複語数が 1 のときである。式 (5.5) に $V(f) = 1$ を代入し，$f > 0$ であるからつぎのようになる。

$$f = \frac{-1 + \sqrt{1 + 4T}}{2} \tag{5.6}$$

よって，文書集合内に出現する語の全種類数 T より低頻度側の中頻度 f が求まる。式 (5.6) を用いて低頻度語をカットし，中頻度語の範囲外の高頻度語

[†] 例えば，頻度 3 の語の種類が 5 種類（重複語数 5）であったならば，$V(3) = 5$ である。

として機能語や一般語（5.3節）をカットし，特徴語として適切な中頻度語を選択する。

5.5 語 の 重 み

文書の特徴を抽出するためには，文書を特徴づけている各語の重要度を測る尺度が必要である。**語の重みづけ**（term weighting）とは，ある語がその文書の内容，意味といった特徴にどの程度貢献しているかという値（重み）を尺度に基づき各語に付与することである。同じ語でも，文書が異なれば，その重要度，貢献度，すなわち重みも異なるはずであり，ある語がその文書にとって特徴的であれば大きな値になるべきである。

重みづけの利用としては，テキスト検索における適切な索引語の選択の他，要約文の簡易生成などがある。これは，ある文書を，文単位に分割し，各文の語に重みを与える。そして，一つの文中の全語の重み値を合計し，その文の重要度とする。重要度最大の1文，あるいは重要度の大きいほうから複数文を選択し，それをその文書の要約文とするといった手法である。

以降，語の重みづけの手法を紹介する〔文献6),8)〕。

5.5.1 語　頻　度

ある語がその文書中に数多く出現するならば，その語はその文書にとって特徴的であるとする尺度が**語頻度**（term frequency）である。

ある文書 d_j の中に出現する語 t_i の頻度を $tf(t_i, d_j)$ で表すと，語頻度による語の重み $w_{t_i}{}^{d_j}$ は

$$w_{t_i}{}^{d_j} = tf(t_i, d_j) \tag{5.7}$$

である。この重みは5.6.1項で述べる語・文書行列の要素にもなる。

語頻度は，ある文書に多数回出現する語に大きめの重みを与えるため，頻度の影響を軽減するために語頻度の対数をとって

$$w_{t_i}{}^{d_j} = \lg \ (tf(t_i, d_j) + 1) \ ^\dagger \tag{5.8}$$

とする重みづけがあり，対数化語頻度といわれる。

　文書が長くなると，各語の頻度は多くなるので，長い文書と短い文書とを公平に扱うために語頻度を正規化する必要がある。いま，文書中の語の全種類数は m で，$t_1, \cdots, t_m$ とすると，正規化語頻度による語の重みは

$$w_{t_i}{}^{d_j} = \frac{tf(t_i, d_j)}{\sum_{i=1}^{m} tf(t_i, d_j)} \tag{5.9}$$

あるいは

$$w_{t_i}{}^{d_j} = \lg \left(\frac{tf(t_i, d_j)}{\sum_{i=1}^{m} tf(t_i, d_j)} + 1 \right) \tag{5.10}$$

であり，ある文書中のすべての語の出現数で割る，すなわち，正規化する。これはいわば，文書 d_j における語 t_i の相対的語頻度といえる。

　語頻度は他の文書は考慮せず，その文書のみのいわば局所的な重みづけである。

5.5.2 文書頻度

　語頻度，対数化語頻度，正規化語頻度は，他の文書中の各語の頻度を考慮に入れていない。すなわち，ある文書 d_j のみにおける語 t_i の局所的な語の重みであった。一方，多数の文書に共通して多数回出現する語は，個々の文書に固有の特徴を表現しているとはいえない。そこで，文書集合全体を見渡し，各語の出現分布を考慮し，少数の文書に偏って出現する語に大きな重みを与える尺度を考える。

　$df(t_i, D)$ を文書集合 $D = (d_1, \cdots, d_n)$ において語 t_i が出現する文書の個数，すなわち**文書頻度**（document frequency）とする。そしてその逆数としての

$$idf(t_i, D) = \lg \frac{n}{df(t_i, D)} \tag{5.11}$$

---

†　5.5節では底を2とした対数を lg と表記することとする。$\log_2 X = \lg X$ である。

あるいは

$$idf(t_i, D) = \lg \frac{n}{df(t_i, D)} + 1^\dagger \qquad (5.12)$$

を語 t_i の文書頻度の逆数，あるいは **idf**（inverse document frequency）と呼び，語の重みとする．ここで n は対象とする全文書数であり，対数をとるのは n が大きく変化した場合でも値の変化を少なくするためである．idf は文書集合全体を見渡した大局的な語の重みである．

語 t_i がごく一部の文書にしか出現しない場合，$idf(t_i, D)$ は大きな値となり，語 t_i がどの文書にもまんべんなく出現する場合，$idf(t_i, D)$ は小さな値となる．例えば，全文書数 $n=100$ 万であり，語 t_A がそのうちの 100 文書のみに出現し，語 t_B が 10 万文書に出現したとしよう．このとき，式 (5.12) による idf は，それぞれ

$$idf(t_A, D) = \lg \frac{10^6}{100} + 1 = 4 \lg 10 + 1 \approx 14.2877$$

$$idf(t_B, D) = \lg \frac{10^6}{10^5} + 1 = \lg 10 + 1 \approx 4.3219$$

となり，idf を用いることにより，少数の文書に出現する語に大きな重みを付けることができる．

5.5.3 エントロピー

N 個の事象 $E_i (i=1, 2, \cdots, N)$ があり，それぞれの生起確率を p_i としたとき，エントロピー H は

$$H = -\sum_{i=1}^{N} p_i \lg p_i \qquad (5.13)$$

と定義される．ある事象の生起確率が 1，すなわち，ある事象が必ず生起し，他の事象が生起しないとき，エントロピーは最小値 0 となる．また各事象の生起確率が等しく $1/N$ のとき，エントロピーは最大値 $\lg N$ となる．エントロピーは各事象の生起確率に偏りがあるとき，すなわち，ある事象は生起しやす

---

† t_i が全文書に出現する場合，$\lg\{n/df(t_i, D)\} = 0$ であり，idf 値が 0 になるのを避けるために 1 を加算している．

く，ある事象はめったに生起しないといった場合，小さな値をとる。これを応用し，ある語が文書集合において偏って出現するかどうかの尺度にエントロピーを採用する。

文書 d_j の中に出現する語 t_i の頻度を $tf(t_i, d_j)$，文書集合 $D=(d_1, \cdots, d_n)$ 全体における語 t_i の頻度を $TF(t_i, D)$† とすると，語 t_i が文書 d_j に出現するという事象の生起確率は $tf(t_i, d_j)/TF(t_i, D)$ となるので，エントロピーは

$$H(t_i, D) = -\sum_{j=1}^{n} \frac{tf(t_i, d_j)}{TF(t_i, D)} \lg \frac{tf(t_i, d_j)}{TF(t_i, D)} \tag{5.14}$$

となる。ここで，少数の文書に出現する語に大きな値が付与されるように，そして値の範囲を 0 から 1 に正規化するために，H を最大値 $\lg n$ で除して，1 から減算した値を文書集合 D における語 t_i の重み $w_{t_i}{}^D$ とする。

$$w_{t_i}{}^D = 1 - \frac{H(t_i, D)}{\lg n} \tag{5.15}$$

この式 (5.15) において，語 t_i が多数の文書に同じような確率で出現する傾向のあるときは 0 に近い値，語 t_i が少数の文書に偏って出現する傾向のあるときは 1 に近い値をとる。よってエントロピーによる語の重みは大局的な重みである。

5.5.4　tf-idf

$idf(t_i, D)$ は語 t_i の文書集合 D における大局的重みであり，$tf(t_i, d_j)$ は語 t_i の文書 d_j のみの局所的重みである。そこで大局的重みと局所的重みという二つの尺度を兼ね備えた文書集合 D 内の文書 d_j における語 t_i の重みとして，これらを組み合わせた tf-idf がよく用いられる。

$$\textit{tf-idf}(t_i, d_j, D) = w_{t_i}{}^{d_j} \times idf(t_i, D) \tag{5.16}$$

$w_{t_i}{}^{d_j}$ には式 (5.7)～(5.10)，$idf(t_i, D)$ には式 (5.11)，(5.12) が対応する。各種組合せが考えられ，例えば，式 (5.10) と式 (5.12) を組み合わせればつぎのようになる。

---

† $TF(t_i, D) = \sum_{j=1}^{n} tf(t_i, d_j)$ である。

$$tf\text{-}idf(t_i, d_j, D) = \lg\left(\frac{tf(t_i, d_j)}{\sum_{i=1}^{m} tf(t_i, d_j)} + 1\right) \times \left(\lg\frac{n}{df(t_i, D)} + 1\right) \quad (5.17)$$

5.5.5 残差 idf

文書中の語の生起確率が独立でその頻度がポアソン分布に従うとしよう。このとき文書集合 $D=(d_1, \cdots, d_n)$ 内の文書数を n，文書集合 D 全体における語 t_i の頻度を $TF(t_i, D)$，語 t_i に対するポアソン分布のパラメータを λ_i とすると

$$\lambda_i = \frac{TF(t_i, D)}{n} \quad (5.18)$$

となる。これは語 t_i が一つの文書に出現する頻度の平均値である。そして，語 t_i が文書中に k 回出現する確率 $p(k, \lambda_i)$ は

$$p(k, \lambda_i) = e^{-\lambda_i}\frac{\lambda_i^k}{k!} \quad (k=0, 1, \cdots) \quad (5.19)$$

となる。さて，ポアソン分布は事象がランダムに独立して生起する必要がある。しかし，文書の特徴語として適切な語が文書中に出現すると，その語はその文書中に繰り返し出現する，すなわち偏って出現する傾向があり，ポアソン分布に従わない。そこで実際の idf 値とポアソン分布から推定される idf 値の差が大きければ，その語は文書の特徴語として適切であると考えた尺度が**残差 idf**（residual idf）である〔文献 1), 6)〕。

語 t_i が文書に 1 回も出現しない確率は $p(0, \lambda_i)$ だから，語 t_i が少なくとも 1 回出現する確率は $1-p(0, \lambda_i)=1-e^{-\lambda_i}$ となる。確率 $1-e^{-\lambda_i}$ と文書数 n の積が推定される文書頻度であるから，語 t_i の $idf(t_i, D)$ として式 (5.12) を採用すれば，ポアソン分布から推定される文書頻度の逆数は

$$\hat{idf}(t_i, D) = \lg\frac{1}{1-e^{-\lambda_i}} + 1 \quad (5.20)$$

となる。よって，語 t_i の残差 idf である $ridf(t_i, D)$ はつぎのように式 (5.12)−式 (5.20) により求まる。

$$ridf(t_i, D) = idf(t_i, D) - i\hat{d}f(t_i, D) = \lg \frac{n}{df(t_i, D)} - \lg \frac{1}{1-e^{-\lambda_i}}$$
$$= \lg \frac{n}{df(t_i, D)} + \lg \left(1 - e^{-\frac{TF(t_i, D)}{n}}\right) \quad (5.21)$$

残差 idf においては特徴語以外の語はランダムに独立して生起するという仮定を満たす必要があるため，残差 idf は文書集合の規模が大きい，すなわち文書数が多い場合に有効な手法である。

5.5.6　LR 法

テキスト検索，テキスト要約などにおいて，名詞を特徴語とすることが多い。基本的かつそれ以上分割不可能な名詞を単名詞と呼び，単名詞の組合せで形成される名詞を複合名詞と呼ぶ。もし，ある単名詞がその文書の特徴語ならば，その単名詞を含む複合名詞が存在する可能性がある。このような単名詞と複合名詞の関係に着目した語，この場合は名詞への重みづけ法が LR 法である〔文献 14〕。ここで，文は形態素解析により品詞に分割されており，単名詞にも品詞名が付与されているものとする。

LR 法は文書内の複合名詞を構成する単名詞と単名詞の連接の仕方（異なり数と頻度）に着目して重みづけをする。単名詞が連接する状況を単名詞バイグラムと呼び，単名詞バイグラムと連接頻度をつぎのように表現する。

$$[LN_i \quad N](f_L(LN_i)) \quad (i=1, \cdots, n),$$
$$[N \quad RN_j](f_R(RN_j)) \quad (j=1, \cdots, m) \quad (5.22)$$

$[LN_i \quad N]$ は単名詞 N の左に連接する単名詞が LN_i であることを示し，$f_L(LN_i)$ は N の左に連接する単名詞 LN_i の頻度を表す。そして $[N \quad RN_j]$ は単名詞 N の右に連接する単名詞が RN_j であることを示し，$f_R(RN_j)$ は N の右に連接する単名詞 RN_j の頻度を表す。$[LN_i \quad N]$ や $[N \quad RN_j]$ は，もっと長い複合名詞の一部であってもよい。

ある文書内に「メディア」という単名詞を含むつぎのような語集合があったとしよう。

メディア情報，情報メディア，複合メディア学科，情報メディア，

メディア社会，情報メディア学科，画像メディア

これらの単名詞バイグラムと連接頻度はつぎのようになる。

[情報　メディア]（3），　　[メディア　情報]（1）

[複合　メディア]（1），　　[メディア　社会]（1）

[画像　メディア]（1），　　[メディア　学科]（2）

ここで，単名詞 N の左あるいは右に連接して複合名詞を構成する全単名詞の頻度合計を

$$LN(N)=\sum_{i=1}^{n}f_L(LN_i), \quad RN(N)=\sum_{j=1}^{m}f_R(RN_j) \tag{5.23}$$

とする。この例の場合，LN（メディア）=5，RN（メディア）=4 となる。

さて単名詞 $N_1, \cdots, N_l$ がこの順で連接した複合名詞を CN とする。文書 d_j 内の CN の重みを，各単名詞の重みの相乗平均を考え，式 (5.23) を用いて

$$w_{CN}{}^{d_j}=LR(CN)=\left\{\prod_{k=1}^{l}(LN(N_k)+1)(RN(N_k)+1)\right\}^{1/2l} \tag{5.24}$$

と定義する。+1 は，$LN(N_k)$ あるいは $RN(N_k)$ が 0 のとき，重みが 0 とならないように入れてある。複合名詞「情報メディア」の LR（情報メディア）は

$$\{(1+1)(3+1)(5+1)(4+1)\}^{1/4}=\sqrt[4]{240}=2\sqrt[4]{15}$$

となる。

複合名詞の頻度を考慮すると式 (5.24) はつぎのようになる。

$$w_{CN}{}^{d_j}=FLR(CN)=f(CN)\times LR(CN) \tag{5.25}$$

$f(CN)$ は文書 d_j において CN が出現した頻度である。例の場合，複合名詞「情報メディア」の頻度は 3 だから，FLR（情報メディア）$=3\times 2\sqrt[4]{15}=6\sqrt[4]{15}$ となる。

$LR(CN)$ あるいは $FLR(CN)$ は，文書集合全体を対象としない 1 文書の局所的な重みであり，一つの文書に関してのみ計算することができるため処理は軽い。

5.5.7 Web サービス例

Web サービスを例にとり，語の重みづけについて紹介する。

〔1〕 **Why 型質問応答システム** Web サービスの一つとして，Why 型質問応答システムがある〔文献 7)〕。Why 型質問応答システムとは「なぜ中央線はよく運休するのですか？」という質問に対して，「人身事故が頻発するからです」という回答を返すシステムである。このとき，「中央線はよく運休する」を結果・事実を表す事実文，「人身事故が頻発する」を原因・理由を表す理由文と呼ぶ。文献 7) のシステムにおいては，検索語を基に Web 上から Why 型質問の内容を表す事実文を特定，解析し，理由文の位置を特定する。この処理においては，原因・理由を表す理由語や「なぜ」「どうして」といった疑問語を選択し，それらに大きな重みを与え，データベースに登録しておく。文献 7) においては，原因・理由を表す以外の用例をもたない「からこそ」に最大の重みを与え，名詞の理由語には文献 4) の「学芸―論理―理由」などの項に記載されている語（訳，理由，原因，所以（ゆえん）など）を採用している。Why 型質問に対する検索時には，語の重みデータベースを参照して各文の順位づけをして理由文を選択，提示する。

〔2〕 **推薦システム** Web サービスの一つに推薦システムがある。これは Web ユーザに対して映画，書籍，音楽，商品などを推薦するシステムであり，多くのシステムが開発されている。このような推薦システムとして，例えば blog 記事を書いた人に，その人が興味がありそうな他人の blog 記事を推薦し，その人の新たな興味の発見を支援するシステムがある〔文献 12)〕。ここにおいてはユーザの blog 記事と関連性が高く，かつ相違性もある内容の他人の blog 記事を推薦する必要がある。文献 12) では，blog 記事 d_j における語 t_i の重みを

$$G(t_i, d_j) = \lg\left(\frac{tf(t_i, d_j)}{\sum_{i=1}^{m} tf(t_i, d_j)} + 1\right) \times \lg\left(\frac{n}{df(t_i, D)} + 1\right) \quad (5.26)$$

で表現する[†]。そしてユーザの blog 記事 U と他人の blog 記事 q との関連度を

$$R(U, q) = \sum_i G(t_i^q, U) \tag{5.27}$$

とする。ここで，t_i^q は U に含まれ，かつ他人の blog 記事 q に含まれ，その $G(t_i^q, U)$ 値が i 番目に高い語である。そして相違度を

$$D(U, q) = \sum_j \frac{G(t_j^q, q)}{N_q} \tag{5.28}$$

とする。ここで t_j^q は他人の blog 記事 q において j 番目に高い $G(t_j^q, q)$ 値をもつが，U には含まれない語であり，N_q は他人の blog 記事 q 内の総語数である。ユーザの blog 記事とデータベース内の他人の blog 記事との間で関連度，相違度を計算し，両者の和が上位の blog 記事を推薦する。

5.6 テキスト検索

テキスト検索においては前処理として 5.5 節で述べたような各種の手法により，語に重みを付けた後，文書と検索のための質問文との類似性を判定する。本節では文書（テキスト）と検索のための質問文（質問語）との類似比較を行うテキスト検索について述べる〔文献 6),8)〕。

5.6.1 ベクトル空間モデル

ベクトル空間モデル（vector space model）は，文書の特徴を語の重みを要素とするベクトルで表現し，それをテキスト検索に適用するモデルである〔文献 3)〕。本項では語・文書行列，類似尺度と類似判定について述べる。

〔1〕**語・文書行列** いま，文書集合 D，そこにおける文書数 n，語数（語の全種類数）m とする。そして j 番目の文書の文書ベクトル $\boldsymbol{d}_j$ を

$$\boldsymbol{d}_j = (w_{1j}, w_{2j}, \cdots, w_{mj})^t \tag{5.29}$$

と表現する。w_{ij} は，j 番目の文書 d_j における語 t_i の重みである。文書ベクト

[†] 本書の定義に準じた表現であり，式 (5.17) と同等である。式内の各項の意味は式 (5.10)，(5.12)，(5.17) を参照のこと。

ルを列ベクトルとする**語・文書行列**（term-document matrix）により文書集合全体を表現することができる。語・文書行列 M は

$$M=(\boldsymbol{d}_1, \boldsymbol{d}_2, \cdots, \boldsymbol{d}_n) \tag{5.30}$$

と表記される。語・文書行列において，第 i 行は i 番目の語の語ベクトル

$$\boldsymbol{t}_i=(w_{i1}, w_{i2}, \cdots, w_{in}) \tag{5.31}$$

となっている。

さて，語・文書行列において，語頻度 tf 〔式(5.7)〕を語の重みとして採用した場合について見てみる。よって語・文書行列要素 a_{ij} は，語 t_i が文書 d_j に出現する頻度を表す。文書数が4，語数が4の語・文書行列 M は，例えばつぎのようである。

$$M = \begin{array}{c} \\ t_1 \\ t_2 \\ t_3 \\ t_4 \end{array} \begin{array}{cccc} d_1 & d_2 & d_3 & d_4 \\ \left[\begin{array}{cccc} 0 & 0 & 2 & 1 \\ 0 & 1 & 0 & 0 \\ 1 & 0 & 0 & 0 \\ 2 & 2 & 1 & 2 \end{array}\right] \end{array} \tag{5.32}$$

各行は語 t_i の全文書にわたる分布を示す語ベクトル，各列は文書 d_j 内での全語の分布を示す文書ベクトルである。文書ベクトルの次元は語数であり，実用的な情報検索においては，次元数は多数となる。そこで多変量解析における主成分分析などを用いて次元数を削減する工夫が必要となる。

〔2〕**類似尺度**　テキスト検索においては，質問文（語）と類似している文書を探してくる。このとき，質問文をベクトル化した，いわば質問ベクトル $\boldsymbol{q}$ は

$$\boldsymbol{q}=(w_1, w_2, \cdots, w_m)^t \tag{5.33}$$

のように表記できる。w_i はこの質問文における語 t_i の重みである。質問文を一つの文書と見なせば，テキスト検索はこの文書（質問文）と類似した文書を文書集合から探してくる処理である。

文書（質問文も一つの文書である）と文書の類似度を文書ベクトルを用いて測る尺度として内積，コサイン尺度（コサイン測度）がある。文書 d_j におけ

る語 t_i の重みを $w_{t_i}{}^{d_j}$ としたとき，二つの文書ベクトル d_A, d_B を用いた類似度としての内積は

$$\delta(d_A, d_B) = \sum_{i=1}^{m} (w_{t_i}{}^{d_A} \times w_{t_i}{}^{d_B}) \tag{5.34}$$

であり，コサイン尺度は

$$\cos(d_A, d_B) = \frac{\delta(d_A, d_B)}{\|d_A\|\|d_B\|} = \frac{\delta(d_A, d_B)}{\sqrt{\sum_{i=1}^{m}(w_{t_i}{}^{d_A})^2}\sqrt{\sum_{i=1}^{m}(w_{t_i}{}^{d_B})^2}} \tag{5.35}$$

である。ベクトル長が1に正規化されている場合は，どちらも同じ値となる。

〔3〕 **コサイン尺度による類似判定** ここでは，式 (5.32) の語・文書行列を例にとり，文書と文書の類似度について述べる。いま，質問文（質問ベクトル）を

$$Q = (1, 0, 0, 1)^t \tag{5.36}$$

とする。要素は語頻度〔式 (5.7)〕である。この質問ベクトルと式 (5.32) の文書集合内の各文書ベクトルとのコサイン尺度は $\cos(d_1, Q) = 0.632$, $\cos(d_2, Q) = 0.632$, $\cos(d_3, Q) = 0.949$, $\cos(d_4, Q) = 0.949$ となり，質問ベクトル Q に対する検索結果としては文書ベクトル d_3 と d_4 が同等に類似している，すなわち文書 d_3 と d_4 とが同程度に類似していると判定される。さらに，重みを語頻度から $tf\text{-}idf$〔式 (5.7) と式 (5.12) の組合せ〕にすると，idf は $idf(t_1, D) = 2$, $idf(t_2, D) = 3$, $idf(t_3, D) = 3$, $idf(t_4, D) = 1$ だから，語・文書行列 M はつぎのようになる。

$$M = \begin{array}{c} \\ t_1 \\ t_2 \\ t_3 \\ t_4 \end{array} \begin{array}{cccc} d_1 & d_2 & d_3 & d_4 \\ \left[\begin{array}{cccc} 0 & 0 & 4 & 2 \\ 0 & 3 & 0 & 0 \\ 3 & 0 & 0 & 0 \\ 2 & 2 & 1 & 2 \end{array}\right] \end{array} \tag{5.37}$$

質問ベクトル Q は

$$Q = (2, 0, 0, 1)^t \tag{5.38}$$

となる。ここにおいて，質問ベクトルと各文書ベクトルのコサイン尺度は

$\cos(\boldsymbol{d}_1, \boldsymbol{Q}) = 0.248$, $\cos(\boldsymbol{d}_2, \boldsymbol{Q}) = 0.248$, $\cos(\boldsymbol{d}_3, \boldsymbol{Q}) = 0.976$, $\cos(\boldsymbol{d}_4, \boldsymbol{Q}) = 0.949$ となり，文書頻度を加味することにより，文書 d_3 が文書 d_4 に比べ，質問文により類似しており，文書 d_1, d_2 との類似度の差も広がるという結果となる。

　質問ベクトルと文書ベクトルの内積あるいはコサイン尺度が大きいほど類似度が大きいから，質問文との類似度が大きい順に集合文書内の文書に順序づけて検索結果とすることができる。内積，コサイン尺度は文書ベクトルの要素，すなわち語の重みに依存するから，語の重みを適切に修正することにより，検索結果を改善する手法がある。次項にこの手法の一つである適合性フィードバックについて述べる。

5.6.2　適合性フィードバック

　例えば，ライオンという名前の喫茶店に関する情報を検索によって得たいユーザがいたとしよう。「ライオン」には，動物のライオン，歯磨きや洗剤の会社名のライオン，ビアホールのライオン，喫茶店のライオン，タクシー会社のライオンなどがある。**適合性フィードバック**（relevance feedback）では，最初，ユーザは検索語「ライオン」をシステムに質問として入力する。検索の後，ユーザが検索結果として回答された文書を自分の意図と適合している文書と不適合文書に分ける。システムはそれを基に語の重みを修正し，次回の検索に入る。適合性フィードバックにおいては，検索質問文中の語の重みベクトルを修正する式は

$$\boldsymbol{q}' = \alpha \boldsymbol{q} + \beta \sum_{i=1}^{K} \boldsymbol{d}_i - \gamma \sum_{j=1}^{L} \boldsymbol{d}_j \tag{5.39}$$

と与えられる。$\boldsymbol{q}$ は検索質問文内の語の現在の重みベクトル，$\boldsymbol{q}'$ は修正後の重みベクトル，K は適合文書数，L は不適合文書数，$\boldsymbol{d}_i$ は適合文書における語の重みベクトル，$\boldsymbol{d}_j$ は不適合文書における語の重みベクトルである。α, β, γ は定数パラメータであり，現在の重みベクトル，適合文書，不適合文書それぞれをどの程度重視しているかに対応している。

適合性フィードバックにおいては，適合文書に含まれる語の重みを増加させ，不適合文書に含まれる語の重みを減少させていく．検索結果として回答されたすべての文書をユーザが適合文書と不適合文書に分類することは困難であるから，検索結果上位の文書を分類対象とする．式 (5.39) からわかるように，重みの修正対象となる検索のための語は複数個必要であるが，本例の場合，そもそもの検索語中に，喫茶店が入ってないと精度の向上は難しい．そこでユーザに対して検索のための追加候補語を提示し，ユーザはそこから必要な語を選択し，検索のための語に追加する．ユーザが適合だと判定した文書集合から追加候補語を抽出するなどの手法がある．

さて，最初の検索語がライオンのみであり，適合性フィードバックシステムが提示した追加候補語からユーザが喫茶店とビアホールを選択すれば，ベクトル空間モデルの語の重みベクトルは例えば

$$q = (ライオン, ビアホール, 喫茶店)^t = (7, 7, 2)^t$$

のように得られる．これを基に再度検索した結果，四つの文書が得られたとしよう．四つの文書 d_1, d_2, d_3, d_4 は，それぞれ d_1, d_2 は適合文書，d_3 はビアホールのライオン情報，d_4 は動物園のライオン情報だったとする．いま，式 (5.39) を適合，不適合文書数で正規化した

$$q' = q + \frac{1}{K}\sum_{i=1}^{K} d_i - \frac{1}{L}\sum_{j=1}^{L} d_j \tag{5.40}$$

を考える（ロッチオの式，Rocchio's formula）．各文書の重みベクトルを $d_1 = (5, 1, 7)^t$, $d_2 = (6, 1, 8)^t$, $d_3 = (3, 8, 1)^t$, $d_4 = (8, 1, 1)^t$ とすると，式 (5.40) より，$q' = (7, 3.5, 8.5)^t$ となり，喫茶店の重みが増加し，ビアホールの重みが減少する．よって3回目の検索をすれば，結果として，ライオンという店名の喫茶店に関連する文書が上位に来ることが期待できる．

ライオンという店名の喫茶店に関する情報を知りたいユーザに対して，検索のための語中に，ビアホール，動物などという語を追加させる必要があり，適合性フィードバックにおいてはこの負荷を軽減するための工夫が必要となる．

5.6.3 質問拡張

質問文を自動拡張し，検索漏れを少なくする手法について述べる．まずそのために使用するシソーラスについて述べ，続いて質問拡張について述べる．

〔1〕**シソーラス**　シソーラス（thesaurus）とは，語を意味の観点から分類して掲載した辞書である．分類は広義語（上位語）から狭義語（下位語）へと細分化され，意味的に近い語が一つのまとまりとしてグループ化される．またある語に関する関連語が掲載される場合もある．

例えば，日本語大シソーラス〔文献13〕では，語を1044のカテゴリに分類し，各カテゴリ中には意味の近さによってまとめられた小語群が含まれている．1044のカテゴリの中にカテゴリ「電子工学ほか」があり，その中の小語群の一つとして「情報科学」があり，その中に語「コンピューター」がある．関連語は直前の語句から連想される意味の近い語句とし，「店」の関連語として「当店」が掲載されている．

また，角川類語新辞典〔文献4〕では，語を「自然」「人事」「文化」に3分類し，それらをさらに細分類している．語「コンピューター」は，「文化」の中の「物品」の中の「機械」の中の「電気機具」の中に掲載されている．

〔2〕**シソーラスを用いた質問拡張**　シソーラスを用いて，検索語と意味的に近い語あるいは関連語を求め，それらを検索語に追加して検索する．これにより，漏れの少ない検索結果を得ようとする．これはいわば質問を拡張していることに相当し，**質問拡張**（query expansion）と呼ばれる．

語は複数の意味をもつため，意味を同定しないで質問拡張を行うと，検索語中に不適切な語が含まれ，検索精度が低下する．例えば，検索語を「金星」としよう．この語の意味は2通りある．「きんせい」と「きんぼし」である．日本語大シソーラス〔文献13〕において，語「金星（きんせい）」は，カテゴリ「星」の小語群「惑星」の中にあり，意味の近い語として「宵の明星」が掲載されている．一方，語「金星（きんぼし）」はカテゴリ「勝つ」の中の小語群「勝つ」の中にあり，意味の近い語として「大金星」「大物食い」が掲載されている．よって，語「金星」の意味を同定しないで，「きんぼし」の意味なのに

「宵の明星」を追加（質問拡張）すると不適合な文書が検索結果に入ってきてしまう。「きんせい」の意味なのに「大物食い」を追加しても同様な結果となってしまう。

〔3〕 **表記のゆれ** シソーラスによらない質問拡張として表記のゆれの考慮がある。表記のゆれとは意味が同じなのに表記が異なることである。例えばつぎのような例がある。

① 異体字，常用漢字外：涙―泪，連合―聯合
② カタカナ語のゆれ：デジタル―ディジタル
③ 送り仮名：取り組み―取組み―取組
④ 漢字と仮名：猫―ネコ―ねこ

よって，「デジタル信号」という検索語があると，例えば「ディジタル信号」を検索語に追加してくれる。この質問拡張は，表記のゆれを考慮して検索語を追加することにより，検索漏れを少なくしようとする手法である。

5.6.4 ブーリアンモデル

転置ファイル（inverted file）〔**転置インデックス**（inverted index）ともいう〕を用いてテキスト検索を行う**ブーリアンモデル**（boolean model）について述べる。

紙の書籍において，通常，各書籍（文書）の索引（正引きインデックス）には，その文書内において，ある語が出現する位置情報（ページ）が提示されている。一方，転置（インバース，逆）ファイルは，文書集合があったときに，逆に，語ごとに，語が出現する文書を提示しているインデックスであり，逆引きインデックスである。あらかじめ転置ファイルを作成しておけば，検索時に，検索語がどの文書に出現するか，という検索処理を高速に実行することが可能になる。本項では，その語を含む文書情報とその語が各文書のどこに出現するかという位置情報を格納する語単位転置インデックス[†]（word level inverted index）について述べる。この場合，転置ファイルには，語 ID，語，

[†] 完全転置インデックスともいわれる。

出現文書IDとその中での語の位置情報が格納されている。

以降，形態素解析を前提にする手法とNグラムによる手法を紹介する。

〔1〕 **形態素解析を用いた転置ファイル法**　つぎのような五つの文書d_1〜d_5があり，前処理として形態素解析されているものとする。各文書の内容は簡単のため複合名詞としている。

　　d_1　　情報教育
　　d_2　　英会話ビデオ情報
　　d_3　　画像認識ソフト
　　d_4　　ビデオ編集ソフト
　　d_5　　英会話教育

文書d_1の中の語リストである正引きインデックスは，文書の先頭をバイト0とすると，日本語全角文字は2バイト単位なので，（情報：0，教育：4）のようになる。一方，転置ファイルは，逆に，語を軸として，その語が出現する文書リストであり，**表5.7**のようになる。

一般に，転置ファイルにおける語t_iに対する出現文書の欄は，出現文書d_jごとに$(d_j : k : p_1, \cdots, p_m, \cdots, p_k)$のようになる。$k$は文書$d_j$内における語$t_i$

表5.7　形態素解析の転置ファイル†

語ID	語	出現文書
1	ソフト	$(d_3 : 8)$, $(d_4 : 10)$
2	ビデオ	$(d_2 : 6)$, $(d_4 : 0)$
3	英会話	$(d_2 : 0)$, $(d_5 : 0)$
4	画像	$(d_3 : 0)$
5	教育	$(d_1 : 4)$, $(d_5 : 6)$
6	情報	$(d_1 : 0)$, $(d_2 : 12)$
7	認識	$(d_3 : 4)$
8	編集	$(d_4 : 6)$

---

† 本表では語IDの順番は50音順になっているが，実際の転置ファイルでは語の先頭文字のユニコード（unicode）の昇順とすることが多い。この場合，例えば，「英」「画」のユニコードは16進でおのおの82F1，753Bだから，「画像」の語IDのほうが「英会話」のそれより小さい。

の出現頻度，p_m は語 t_i が文書 d_j において m 回目に出現した文書内出現位置情報である〔文献5〕）。ただし，本項における例では k はすべて 1 なので転置ファイルの表をはじめとしてこの k を省略する。よって，表 5.7 の語 ID が 1 の語「ソフト」の出現文書欄は正確には，$(d_3:1:8)$，$(d_4:1:10)$ である。

出現文書欄に登録される語 t_i のその文書における出現位置情報 p_m は，語の位置を文書の先頭からのバイト数（ただし先頭バイトを 0）としている。例えば，語「画像」は文書 d_3 の先頭から出現しているから，$(d_3:0)$ となる。

転置ファイルを用いたブーリアンモデルはブーリアン検索（論理検索）向きであり，検索の高速化を図ることができる。例えば，「画像 AND ソフト」を質問文とする AND 検索においては，表 5.7 の転置ファイルから，語「画像」を含む文書は $\{d_3\}$ であり，語「ソフト」を含む文書は $\{d_3, d_4\}$ であるから，論理積（AND）をとることにより，検索結果として適合文書 $\{d_3\}$ が回答される。

また，「情報 OR ソフト」のような OR 検索をすれば，表 5.7 の転置ファイルから，語「情報」を含む文書は $\{d_1, d_2\}$ であり，語「ソフト」を含む文書は $\{d_3, d_4\}$ であるから，論理和（OR）をとることにより，検索結果として適合文書 $\{d_1, d_2, d_3, d_4\}$ が回答される。

表 5.7 のように文書とその中での語の出現位置を格納した転置ファイルにおいては，検索語の出現順序を加味した検索，すなわち複合語の検索が可能となる。複合語検索においては，まず複合語内の各語に関して AND 検索を行い，適合文書集合を得る。続いて，得られた適合文書集合内の文書における各語の出現順序が，複合語内の各語の出現順序と同じかどうかをチェックする。

例えば，複合語「認識ソフト」が検索語として指定されたとしよう。まずは，語「認識」と語「ソフト」で AND 検索を行い，適合文書 $\{d_3\}$ を得る。表 5.7 からこの文書 d_3 に関する位置情報として

  認　識　　$(d_3:4)$

  ソフト　　$(d_3:8)$

を得る。二つの語「認識」と「ソフト」の位置の差は 4 バイトであり，語「認

識」の位置である4バイト目と語「認識」自体の長さ4バイトを加算した値8が，語「ソフト」の位置である8バイト目と一致している．このことから，文書 d_3 内の位置4を開始位置として「認識ソフト」という複合語が存在しているということがわかる．

以上の手法は前処理として，形態素解析を行ってから転置ファイルを作成する手法であった．つぎに形態素解析を行わない，N グラムによる手法について述べる．

〔2〕 **N グラムによる転置ファイル法** つぎのような $d_1 \sim d_4$ の四つの文書からなる文書集合を考え，バイグラム（$N=2$）を採用した場合の転置ファイルについて述べる．

d_1　　天才教師
d_2　　国語教育
d_3　　英才教育
d_4　　英語教師

転置ファイル（**表5.8**）を見ればわかるように，索引語を1文字ずつずらして登録することにより任意の文字数の語による検索を可能にしている．

検索手法には前述した AND 検索や OR 検索の他に，前方一致検索，後方一致検索という部分検索機能がある．前方一致検索は，例えば「英*」のよう

表5.8　バイグラムの転置ファイル

語ID	索引語	出現文書
1	育	$(d_2:6)$, $(d_3:6)$
2	英語	$(d_4:0)$
3	英才	$(d_3:0)$
4	教育	$(d_2:4)$, $(d_3:4)$
5	教師	$(d_1:4)$, $(d_4:4)$
6	国語	$(d_2:0)$
7	語教	$(d_2:2)$, $(d_4:2)$
8	才教	$(d_1:2)$, $(d_3:2)$
9	師	$(d_1:6)$, $(d_4:6)$
10	天才	$(d_1:0)$

に，「英」で始まる語との一致をとる検索手法であり，通常，前方一致検索機能は具備されている。後方一致検索は，例えば「＊師」のように，「師」で終わる語との一致をとる検索手法である。後方一致検索機能がない場合でも，文[†]の末尾の1文字が検索可能なように，例えば「師」のような末尾の1文字も索引語として登録する。Nグラムの場合，文の末尾のNより短い語を索引語として登録することにより，文の末尾にあるNより短い語も検索可能になる〔文献15〕）。

さて，検索語が「英語教師」という文字数が偶数の場合の検索を見てみよう。偶数の場合，先頭から2文字ごとに区切り，「英語」「教師」を検索対象語とする。そして転置ファイル（表5.8）を見てみると

英語　　$(d_4:0)$

教師　　$(d_1:4),(d_4:4)$

が得られる。これらの位置情報を照合することにより，文書d_4の先頭0バイト目から「英語教師」という語が存在することがわかる。

これら四つの文書集合に対してユニグラム（$N=1$）を採用すると，転置ファイルは**表5.9**のようになる。

「英語教師」を検索語にすると，「英」「語」「教」「師」の4語が検索対象語となる。転置ファイルより

表5.9　ユニグラムの転置ファイル

語ID	索引語	出現文書
1	育	$(d_2:6),(d_3:6)$
2	英	$(d_3:0),(d_4:0)$
3	教	$(d_1:4),(d_2:4),(d_3:4),(d_4:4)$
4	国	$(d_2:0)$
5	語	$(d_2:2),(d_4:2)$
6	才	$(d_1:2),(d_3:2)$
7	師	$(d_1:6),(d_4:6)$
8	天	$(d_1:0)$

[†] この例の場合は複合名詞であるが。

5.6 テキスト検索

英　　$(d_3:0)$, $(d_4:0)$
語　　$(d_2:2)$, $(d_4:2)$
教　　$(d_1:4)$, $(d_2:4)$, $(d_3:4)$, $(d_4:4)$
師　　$(d_1:6)$, $(d_4:6)$

が得られる．つぎに照合処理を行うことにより，$(d_4:0)(d_4:2)(d_4:4)(d_4:6)$ の系列を得ることができ，文書 d_4 の先頭0バイト目から「英語教師」という語が存在することがわかる．

このようにユニグラムでは，検索対象語が増加し，位置情報の照合回数が増大するため検索時間が増加する．

一方，トライグラム（$N=3$）を採用すると転置ファイルは**表 5.10** のようになる．

表 5.10 トライグラムの転置ファイル

語ID	索引語	出現文書
1	育	$(d_2:6)$, $(d_3:6)$
2	英語教	$(d_4:0)$
3	英才教	$(d_3:0)$
4	教育	$(d_2:4)$, $(d_3:4)$
5	教師	$(d_1:4)$, $(d_4:4)$
6	国語教	$(d_2:0)$
7	語教育	$(d_2:2)$
8	語教師	$(d_4:2)$
9	才教育	$(d_3:2)$
10	才教師	$(d_1:2)$
11	師	$(d_1:6)$, $(d_4:6)$
12	天才教	$(d_1:0)$

表 5.8 と同様に表 5.10 でも，文の末尾の 1 文字，2 文字の語を索引語として登録することにより，文の末尾にある 1 文字，2 文字の語も検索可能にしてある．トライグラムの場合，各索引語に対応する位置情報は減少するが，索引語自体の数が増加し，転置ファイルのサイズが大きくなるため転置ファイル構築に時間がかかる．また，1 文字あるいは 2 文字の検索語に対しては，先頭 1

文字あるいは2文字が一致する索引語をすべて転置ファイル内からピックアップしなければならないため，検索時間が増大する。

NグラムのNの値は小さ過ぎても大き過ぎても効率が悪化するため，$N=2$あるいは3に設定することが多い。漢字は2文字以上の検索が多いためバイグラムとすることが，カタカナは分割なし[†]，あるいはトライグラムとすることも多い。

以上述べてきた転置ファイル（転置インデックス）を作成し，それを用いてブーリアンモデルに基づき検索するという手法は，Webを対象とする多くのテキスト検索システム（全文検索システム）で使用されている。

5.7 評 価 尺 度

テキスト検索における性能評価の尺度について述べる〔文献6),8)〕。

5.7.1 再現率と精度

ある検索語によるテキスト検索を考える。そのときの検索対象の全文書集合をT，集合内の文書数を$|T|$とし，T内における適合文書集合をBとする。また，その検索語による検索結果として返される回答文書集合をAとし，そのうちの適合文書集合をC，不適合文書集合をEとする。検索に引っ掛からなかった文書，すなわち漏れてしまった文書のうち，実は適合だったという文書集合をLC，やはり不適合であるという文書集合をLEとする。これらを表にすると**表5.11**，ベン図に表すと**図5.3**のようになる。

このとき**再現率**（recall）Rは

$$R=\frac{|C|}{|C|+|LC|}=\frac{|C|}{|B|} \tag{5.41}$$

[†] 例えば「ソフトウェア」という語をバイグラムあるいはトライグラムで，2文字ごと，あるいは3文字ごとに分割しないで，そのまま転置ファイルに登録するということである。

5.7 評価尺度

表 5.11 検索対象・結果と適合・不適合文書

	検索結果の回答文書数	検索に漏れた文書数	計
適合文書数	$|C|$	$|LC|$	$|B|$
不適合文書数	$|E|$	$|LE|$	$|T|-|B|$
計	$|A|$	$|T|-|A|$	$|T|$

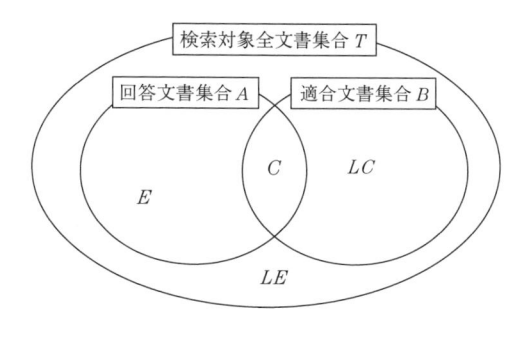

図 5.3 検索対象・結果と適合・不適合文書

精度（precision）[†] P は

$$P = \frac{|C|}{|C|+|E|} = \frac{|C|}{|A|} \tag{5.42}$$

である。再現率が高いということは，検索漏れが少ないということであり，精度が高いということは，検索結果にごみ，すなわち不適合の回答の混入が少ないということである。再現率と精度は二律背反的傾向にあり，一方を上げようとすると，もう一方が下がりがちとなるため，トレードオフをとる必要がある。

　現実のインターネットに対する検索において厳密なる再現率を求めることは不可能である。なぜならば，インターネットのような開放系では，検索対象文書集合は時間的に変動するから，インターネット内の適合文書数も時間的に変動し，よってある瞬間の全適合数は誰も知らないからである。このような環境での検索の評価は難しい。しかし現実の評価法は，再現率と精度がほとんどである。

[†] 適合率と訳す場合もある。

5.7.2　F 尺度

つぎのような再現率 R と精度 P の調和平均を **F 尺度**（F measure）という。

$$F = \frac{2}{\dfrac{1}{R} + \dfrac{1}{P}} \tag{5.43}$$

$0 \leq R \leq 1$，$0 \leq P \leq 1$ だから $0 \leq F \leq 1$ であり，F 尺度は R と P がともに大きいときに大きな値をとる。また，式 (5.43) に，再現率 R，精度 P の定義を代入し，変形すると

$$F = \frac{2|C|}{|A| + |B|} \tag{5.44}$$

となるから，直感的には，適合文書集合 B と回答文書集合 A の両方に対して C の占める面積比が大きくなれば，F 尺度は大きな値となる。

5.7.3　E 尺度

再現率と精度を組み合わせた **E 尺度**（E measure）は定義式中のパラメータを調整することにより，精度重視あるいは再現率重視とすることができる。定義式は

$$E = 1 - \frac{1 + \beta^2}{\dfrac{1}{P} + \dfrac{\beta^2}{R}} \tag{5.45}$$

である。β は再現率，精度のどちらを重視するかのパラメータで $\beta > 1$ ならば再現率重視，$\beta < 1$ ならば精度重視，$\beta = 1$ のときは同等である。E 尺度の値の変化は $0 \leq E \leq 1$ であり，値が小さいほどよい検索結果となる。

なお，β の代わりに

$$\beta^2 = \frac{1}{\alpha} - 1 \tag{5.46}$$

を用いて

$$E = 1 - \frac{1}{\dfrac{\alpha}{P} + \dfrac{1-\alpha}{R}} \tag{5.47}$$

という表現で E 尺度を表す場合もある。この表現は，$\alpha < 0.5$ ならば再現率重

視，$\alpha>0.5$ ならば精度重視，$\alpha=0.5$ のときは再現率と精度を同等に考える。$\alpha=0$ なら再現率と同等[†1]，$\alpha=1$ ならば精度と同等[†2]である。$\alpha=0.5$ あるいは $\beta=1$ のときは，前記の F 尺度との関係は $E=1-F$ である。

　テキスト検索においては，前処理として，検索対象となる文書集合内の文書に対する形態素解析，不要語削除などを施し，各文書内の検索対象となる索引語に対して，$tf\text{-}idf$ などにより語の重みを計算し，あるいは転置ファイルなどのインデックスを作成し，データベースに格納しておく。質問文（質問語集合）が入力として与えられると，質問文の特徴の抽出である質問ベクトルなどを生成し，それとデータベース内の例えば各文書ベクトルとの距離をコサイン尺度などを用いて計算し，最も類似した文書を結果として出力する。質問ベクトル，文書ベクトルはパターン認識における特徴ベクトルであり，テキスト検索は，本書でいうテキスト認識の一例である。

　近年，日本語を扱うことができるオープンソースの全文検索システムが開発されている。インデックス作成速度や検索速度の比較研究もあり〔文献10)〕，マルチメディアシステムのテキスト処理部分に目的に合った検索システムを採用することにより，マルチメディアシステム構築の効率化を図ることが可能になっている。

[†1] $E=1-R$ だから，値が小さいほうがよい再現率である。
[†2] $E=1-P$ だから，値が小さいほうがよい精度である。

引用・参考文献

1章

1) Bruno, R.（リチャード・ブルーノ）：マルチメディア技術の解説，1991年度情報処理学会連続セミナー，第2回，1991年6月25日機械振興会館大ホール（1991）
2) Engelbart, D.C.：A Conceptual Framework for the Augmentation of Man's Intellect（1962）
    西垣 通 編著訳：思想としてのパソコン，4章 ヒトの知能を補強増大させるための概念フレームワーク，NTT出版（1997）
3) Rheingold, H.：Tools for Thought, Simon & Schuster/Prentice Hall（1985）
    栗田昭平 監訳，青木真美 訳：思考のための道具，パーソナルメディア（1987）
4) Rheingold, H.：Tools for Thought revised edition, MIT Press（2000）
    日暮雅通 訳：新・思考のための道具，パーソナルメディア（2006）
5) McLuhan, M.：The Gutenberg Galaxy, University of Toronto Press（1962）
    森 常治 訳：グーテンベルグの銀河系，みすず書房（1986）
6) McLuhan, M.：Understanding Media, McGraw-Hill（1964）
    栗原 裕・河本仲聖 共訳：メディア論，みすず書房（1987）
7) Nelson, T.H.：A File Structure for the Complex, the Changing, and the Indeterminate, Proceedings of the ACM 20th National Conference（1965）
8) Nelson, T.H.：Literary Machines 91.1, Mindful Press（1991）
    テッド・ネルソン（竹内郁雄・斉藤康己 監訳，ハイテクノロジー・コミュニケーションズ 訳）：リテラリーマシン—ハイパーテキスト原論，アスキー（1994）
9) 相田 洋，矢吹寿秀：新・電子立国 第6巻 コンピューター地球網，日本放送協会（1997）
10) 井原伸介，林 貴宏，尾内理紀夫：画像情報を含むblog記事検索システム

の開発，電子情報通信学会論文誌 D，Vol.J89-D，No.6，pp.1236-1247（2006）
11) 大村　平：情報数学のはなし，日科技連（2001）
12) 越智　宏，黒田英夫：JPEG & MPEG 図解でわかる画像圧縮技術，日本実業出版社（1999）
13) 尾内理紀夫：コンピュータの仕組み，朝倉書店（2003）
14) 上西勝三：図解わかる画像技術，工業調査会（2006）
15) 鶴岡雄二 訳，浜野保樹 監修：アラン・ケイ，アスキー（1992）
16) 常盤　繁：マルチメディアデータ入門，コロナ社（2003）
17) 福冨忠和：マルチメディアという概念について（マルチメディア・フロンティア '93），パイオニア LDC（1993）
18) 福冨忠和：対抗文化としてのマルチメディア（金田善裕 編：サイバー・レボリューション），第三書館（1995）
19) 星野　力：誰がどうやってコンピュータを創ったのか？，共立出版（1995）
20) 吉見俊哉，若林幹夫，水越　伸：メディアとしての電話，弘文堂（1992）

2章

1) Duda, R.O., Hart, P.E. and Stork, D.G.：Pattern Classification, 2/Edition, John Wiley & Sons（2001）
尾上守夫 監訳：パターン識別，新技術コミュニケーションズ（2001）
2) Nilsson, N.J.：Learning Machines, McGraw-Hill（1965）
渡邊　茂 訳：学習機械，コロナ社（1967）
3) Schölkopf, B. and Smola, A.J.：Learning with Kernels, MIT Press（2002）
4) 麻生英樹：ニューラルネットワーク情報処理，産業図書（1988）
5) 麻生英樹，津田宏治，村田　昇：統計科学のフロンティア6　パターン認識と学習の統計学，岩波書店（2003）
6) 石井健一郎，上田修功，前田英作，村瀬　洋：わかりやすいパターン認識，オーム社（1998）

3章

1) 川上元郎：色のおはなし，日本規格協会（1992）
2) 画像電子学会 編：カラー画像処理とデバイス，東京電機大学出版局（2004）
3) 清野達也，林　貴宏，尾内理紀夫：特徴点の照合に基づくベクタ画像検索システムの試作，情報処理学会研究報告（第128回グラフィックスと CAD 研

究会)，Vol.2007，No.84，pp.19-24（2007）
4) 日下秀夫 監修，映像情報メディア学会 編：カラー画像工学，オーム社（1997）
5) 高木幹雄・下田陽久 監修：新編画像解析ハンドブック，東京大学出版会（2004）
6) 長尾 真：画像認識論，コロナ社（1983）
7) 奈良先端科学技術大学院大学 OpenCV プログラミングブック制作チーム：OpenCV プログラミングブック，毎日コミュニケーションズ（2007）
8) 林 貴宏，尾内理紀夫：ベクタ画像を対象としたプリミティブ選択モデルに基づくオブジェクト領域抽出，情報処理学会論文誌，Vol.48，No.3，pp.1154-1165（2007）

4 章

1) Fletcher, N.H. and Rossing, T.D.：The Physics of Musical Instruments, Springer-Verlag New York（1998）
岸 憲史・久保田秀美・吉川 茂 訳：楽器の物理学，シュプリンガー・フェアラーク東京（2002）
2) Scheirer, E. and Slaney, M.：Construction and Evaluation of a Robust Multifeature Speech/Music Discriminator, Proceeding of 1997 ICASSP, Vol.2, pp.1331-1334（1997）
3) 内田貴之，山下昌毅，杉山雅英：Cepstrum Flux を用いた音声と音楽のセグメンテーション，信学技報，SP2000-17，pp.9-16（2000）
4) 江原義郎：ユーザーズデジタル信号処理，東京電機大学出版局（1991）
5) 金寺 登，Hynek Hermansky，荒井隆行，船田哲男：ロバストな音声認識実現を目的とした変調スペクトル特性の検討，信学技報，SP97-70，pp.15-22（1997）
6) 城戸健一：音声の合成と認識，新 OHM 文庫，オーム社（1986）
7) 城戸健一 編著：基礎音響工学，コロナ社（1990）
8) 榊原 進：ウェーブレットビギナーズガイド，東京電機大学出版局（1995）
9) 嵯峨山茂樹，板倉文忠：音声の動的尺度に含まれる個人性情報，日本音響学会昭和 54 年度春季研究発表会講演論文集，3-2-7，pp.589-590（1979）
10) 嵯峨山茂樹：熊雄と狸子の音声認識入門 1〜4，bit，Vol.28，No.7-10，共立出版（1996）
11) 高柳 直，林 貴宏，尾内理紀夫：ソナグラムの画像特徴に着目した音声・

音楽・ノイズ区間識別手法の提案，信学技報，PRMU2006-209, pp.17-22 (2006)
12) 谷口　徹，大川茂樹，白井克彦：音声・音楽識別を目的とした特徴量の検討，情報処理学会音声言語情報処理 44-15, Vol.2002, No.121, 2002-SLP-044, pp.87-91 (2002)
13) トランスナショナルカレッジオブレックス 編：フーリエの冒険，言語交流研究所ヒッポファミリークラブ (1988)
14) 水野　理，高橋　敏，嵯峨山茂樹：スペクトルの動的および静的特徴量を用いた言語音声の検出，日本音響学会平成7年度秋季研究発表会講演論文集，3-2-1, pp.107-108 (1995)

5章

1) Church, K.W. and Gale, W.A.：Inverse Document Frequency (IDF)：A Measure of Deviations from Poisson, Proceedings of the Third Workshop on Very Large Corpora, pp.121-130 (1995)
2) Luhn, H. P.：The Automatic Creation of Literature Abstracts, IBM Journal of Research and Development, Vol.2, No.2, pp.159-165 (1958)
3) Salton, G., Wong, A. and Yang, C.S.：A Vector Space Model for Automatic Indexing, Communications of the ACM, Vol.18, No.11, pp.613-620 (1975)
4) 大野　晋，浜西正人：角川類語新辞典，角川書店 (1981)
5) 小川泰嗣，松田　透：n-gram 索引を用いた効率的な文書検索法，信学論，D-I, Vol.J82-D-I, No.1, pp.121-129 (1999)
6) 北　研二，津田和彦，獅々堀正幹：情報検索アルゴリズム，共立出版 (2002)
7) 渋沢　潮，林　貴宏，尾内理紀夫：Why 型質問の回答文を WEB から自動抽出するシステムの開発と評価，情報処理学会論文誌，Vol.48, No.3, pp.1512-1523 (2007)
8) 徳永健伸：情報検索と言語処理，言語と計算 5，東京大学出版会 (1999)
9) 長尾　真，宇津呂武仁，島津　明，匂坂芳典，井口征士，片寄晴弘：文字と音の情報処理，1章　形態素解析，岩波講座マルチメディア情報学 4，岩波書店 (2000)
10) 早坂良太，林　貴宏，尾内理紀夫：オープンソースの全文検索システムの速度性能比較，情報処理学会第 68 回全国大会，7N-1, pp.3-145 — 3-146

(2006)
11) 松本裕次，景山太郎，永田昌明，齋藤洋典，徳永健伸：単語と辞書，岩波講座　言語の科学 3，岩波書店（1997）
12) 森本和伸，林　貴宏，尾内理紀夫：MineBlog：興味発見を支援する blog 記事推薦システム，情報処理学会論文誌，Vol.47，No.4，pp.1171-1179（2006）
13) 山口　翼 編：日本語大シソーラス-類語検索大辞典，大修館書店（2003）
14) 湯本紘彰，森　辰則，中川裕志：出現頻度と連接頻度に基づく専門用語抽出，自然言語処理研究会報告 145-17，Vol.2001，No.86，pp.111-118，情報処理学会（2001）
15) 横田昌典：高速全文検索エンジン，FUJITSU，1997 年 3 月号，Vol.48，No.2，pp.155-158（1997）

索引

【あ】

アナログ	13
誤り検出	24
誤り訂正	24
アラン・ケイ	12

【い】

1-NN 法	50
1 次差分微分フィルタ	106
一般語	179
色管理	95
色空間	77
色立体	77
インタラクティブ性	4

【う】

ヴァネヴァ・ブッシュ	6
ウェーブレット係数	167, 168
ウェーブレットスペクトル	168
ウェーブレット変換	164

【え】

エッジ	106
エッジ強度	109, 111
エッジ検出	106
エントロピー	184
エントロピー符号化	35

【お】

音の三要素	129
大きさ	129
高さ	131
音色	131
音の動的尺度	158
オプティカルフロー	124
Lucas-Kanade 法	124
オプティカルフローベクトル	125
勾配法	124
速度ベクトル	125
ブロックマッチング法	124
重み係数	49
重みベクトル	49, 55
折返しひずみ	17
音圧	129
音圧レベル	130
音節	134
音素	133

【か】

階層的クラスタリング	71
階調変換	98
過学習	69
可逆方式の圧縮符号化	28
学習データ	55
学習パターン	45, 55
拡張重みベクトル	50
拡張特徴ベクトル	50
加重平均値フィルタ	104
画素	73, 74
可聴域	128
カーネル関数	67
カーネルトリック	66
カーネル法	66
完全転置インデックス	196
観測パターン	42
観測ベクトル	45

【き】

奇数パリティ方式	23
基礎刺激	79, 87
機能語	179
基本周波数	131, 150
逆離散フーリエ変換	137
逆連続フーリエ変換	137
教師付き学習	45
教師なし学習	45
教師なし学習法	70
均等色空間	89
均等表色系	89

【く】

空間周波数	29
偶数パリティ方式	23
グラスマンの法則	78
加法則	78
比例則	78
グレースケール画像	73
訓練データ	55

【け】

計算窓	140
形態素解析	171, 197
決定境界	52
ケプストラム	150, 158
ケプストラム分析	147
ケフレンシ	150
検索漏れ	203
原刺激	78, 86
顕色法	77

索引

【こ】

光源色	76
高速フーリエ変換	138
高ダイナミックレンジ画像	97
高頻度語	180
後方一致検索	200
コサイン尺度	192
コサイン測度	191
語単位転置インデックス	196
語の重みづけ	182
語頻度	182, 191
語・文書行列	191
語ベクトル	191
コミュニケーションメディア	4
混色法	77

【さ】

最近傍決定則	50
再現率	202
最長一致法	174
彩度	83
索引語	171
雑音	20
ザナドゥプロジェクト	5
差分微分	106
差分微分オペレータ	107
サポートベクトル	64
サポートベクトルマシン	61
残差 idf	186
三刺激値	78, 86
サンプリング	14
サンプリング周波数	15
サンプリング定理	16
サンプリング点	14

【し】

時間分解能	143, 165
色相	83
色度	82, 88
識別関数法	50
ジグザグスキャン	37
事後確率	46
自己相関分析	146
事前確率	46
シソーラス	195
ジップの法則	180
質問拡張	195
質問ベクトル	191
シフト幅	140
周波数スペクトル	135
周波数分解能	143, 165
自立語	173
振幅スペクトル	138

【す】

推薦システム	189
垂直パリティチェック	23
水平パリティチェック	24
スペクトル	135
スペクトル三刺激値	79
スペクトル包絡	144, 151

【せ】

正規化語頻度	183
声帯振動	147, 150
精度	203
声道	132
——の周波数特性	144
——の伝達関数	144, 151
接辞処理	172
接続コスト最小法	177
接頭辞	172
接尾辞	172
ゼロランレングス符号化	38
鮮鋭化フィルタ	112
線形識別関数	49, 53
線形濃度変換	99
線形分離可能	61
線形分離不可能	61, 65
線形予測符号化分析	145
前方一致検索	199

【そ】

双方向性	4
ソナグラム	154

【た】

対数化語頻度	183
ダイナブック	12
対話性	4
ダグラス・C・エンゲルバート	9
単語	173
単語数最小法	174
短時間フーリエ変換	140
短時間離散フーリエ変換	141
単純な1次差分微分	106
単純パーセプトロン	53
単純平均値フィルタ	103
単名詞	187

【ち】

中頻度語	180
調音	132
調音器官	132
調音結合	133

【て】

低頻度語	180
ティム・バーナーズ=リー	11
適合性フィードバック	193
適合率	203
テキスト検索	190
テキスト認識	170
テクスチャ解析	117
一様性	120
エネルギー	120
エントロピー	122
慣性	120
コントラスト	120
相関	121
デジタル	13

デシベル	130	パーセプトロンの収束定理		複合名詞	187
データ圧縮	25		57, 61	付属語	173
テッド・ネルソン	5	パターン空間	45	不要語	179
Δケプストラム	158	パターン認識	42	ブラックマン窓	142
伝達関数	144	ハニング窓	142	ブラドミーァ・ヴァプニク	
転置インデックス	196	ハフ空間	114		61
転置ファイル	196	ハフ変換	114	ブーリアン検索	198

【と】

		ハフマン符号化	35	ブーリアンモデル	196
		ハミング窓	142	フーリエ級数展開	136
透過色	76	パラメトリック学習	45, 46	フーリエ変換	135
等色関数	79	破裂音	132	フレーム長	140
等色実験	77	パワースペクトル	139	ブロックノイズ	40
特徴空間	45	汎化能力	69	プロファイル法	95
特徴語	171, 180			文書頻度	183
特徴ベクトル	45	## 【ひ】		——の逆数	184
トライグラム	178, 201			文書ベクトル	190
		非可逆方式の圧縮符号化	28	文節	173

【な】

		光の三原色	77	分離境界	52
		ピクセル	73	分離超平面	61
ナイキスト周波数	17	微細構造	149		
ナイキスト定理	16	比視感度	87	## 【へ】	
内積	192	ヒストグラム	74		
内容語	179	ヒストグラム平坦化	101	平均値フィルタ	102

【に】

		ビット誤り	22	ベイズ決定則	48
		表記のゆれ	196	ベイズ識別関数	48
2次差分微分フィルタ	111	標準色空間	96	ベイズの学習法	46
二文節最長一致法	176	表色系	77	ベイズの定理	46
入力パターン	42	標本化	14	ベクトル画像	74

【の】

		標本化周期	15	ベクトル空間モデル	190
		標本化周波数	15	ヘルツ	128
ノイズ	20	標本化定理	16	変調周波数	161
濃度階調数	19	標本値	15	変調スペクトル	162
濃度共起行列	118	標本点	14		
濃度対行列	118	表面色	76	## 【ま】	
濃度ヒストグラム	75	ビル・アトキンソン	12		
濃度変換	98	品詞	171, 173	マーク・アンドリーセン	11
ノンパラメトリック学習	45	品詞間の接続可能性	175	マザーウェーブレット	166
		品詞接続表	175	摩擦音	133

【は】

		## 【ふ】		マーシャル・マクルーハン	
					2
バイグラム	178, 199	フォルマント周波数	151	マージン最大化	63
ハイパーカード	12	フォン	131	マッキントッシュ	2, 12
ハイパーテキスト	5	不確定性原理	143, 164	窓掛け	140
ハイパーメディア	5	複合語	198	窓関数	140
パスカル	129			窓幅	140

索引

【み】
未知語 171, 178
未定義語 171, 178

【む】
無声音 132

【め】
明度 83
明度係数 79, 81
メディアはメッセージ 3
メディアンフィルタ 105
メル尺度 162
メル周波数 162

【も】
モスキートノイズ 40
モノクロ画像 73

【ゆ】
有声音 132
ユニグラム 178, 200

【よ】
要約語 171
4 Hz 変調エネルギー 161
4 Hz 変調周波数 162

【ら】
ラウドネス 131
ラグランジュの未定乗数法 63
ラスタ画像 74
ラプラシアン 112
ラプラスフィルタ 112
ランレングス符号化 26

【り】
離散ウェーブレット変換 167
離散コサイン変換 30
離散フーリエ変換 137
リジェクト領域 45, 52
リフタ 151
量子化 15
量子化 DCT 係数 34
量子化刻み 15, 19
量子化誤差 15, 19
量子化単位 15
量子化段階数 15, 19
量子化ビット数 15, 129

【れ】
レナ・ソジョーブロム 19
レビンソン・ダービンの
　逐次解法 147
連続ウェーブレット変換 167
連続フーリエ変換 136

【ろ】
ロッチオの式 194
論理検索 198

【わ】
分かち書き 171

【A】
AdobeRGB 色空間 97
Alan Kay 12
AND 検索 198
As We May Think 6

【B】
Bill Atkinson 12
Block Cepstrum Flux 161

【C】
Cepstrum Flux 160
CERN 11
ChaSen 171
CMYK 表色系 83
CMY 表色系 83

【D】
dB 130
DCT 30
DCT 係数 31
　AC 係数 33
　AC 成分 33
　DC 係数 33
　DC 成分 33
Douglas C. Engelbart 9

【E】
EDSAC 8
ENIAC 8
E 尺度 204

【F】
FFT 138
FM-TOWNS 2
F 尺度 204

【H】
Haar ウェーブレット 166
HDRI 97
HSB 表色系 84
HSV 表色系 84
HTML 11
HTTP 11
Hz 128

【I】
idf 184

索引　　215

【J】

JPEG	28
量子化	33

【K】

k-means 法	72
k-NN 法	51
k 平均法	72

【L】

L*a*b* 表色系	89
LPC 係数	145
LPC ケプストラム	153
LPC 分析	145
LR 法	187

【M】

Macintosh	2
Marshall McLuhan	2
Memex	6
MexicanHat ウェーブレット	166
Morlet ウェーブレット	166

【N】

NCSA	11
NLS	9, 12
N グラム	178, 199
N 文節最長一致法	176

【O】

OpenCV	127
OR 検索	198

【P】

Pa	129
Prewitt フィルタ	107

【R】

RGB 等色関数	81
RGB 表色系	77

【S】

Sobel フィルタ	109
Spectral Flux	159
sRGB 色空間	96
SRI	9
SVM	61

【T】

$tf\text{-}idf$	185, 192
Theodor Holm Nelson	5
Timothy John Berners-Lee	11

【U】

URL	11

【V】

Vannevar Bush	6

【W】

Web サービス	189
Why 型質問応答システム	189
World Wide Web	11
WWW	11
Wyle 符号化	26

【X】

XYZ 等色関数	86
XYZ 表色系	86
xy 色度図	89

【Y】

YCC 表色系	92
YCrCb 表色系	93
YIQ 表色系	92

【Z】

Zero Crossing Rate	157
Zipf の法則	180

―― 著者略歴 ――

国立大学法人 電気通信大学名誉教授，工学博士（東京大学）
1973年　東京大学理学部物理学科卒業
1975年　東京大学大学院理学系研究科物理学専攻修士課程修了
　　　　日本電信電話公社（現日本電信電話株式会社）入社
　　　　NTT基礎研究所を経て
2000年〜2015年　電気通信大学教授
2017年〜2019年　早稲田大学教授
2017年〜2019年　Egypt-Japan University of Science and Technology Professor

1982年〜1985年　財団法人 新世代コンピュータ技術開発機構
1998年〜1999年　技術研究組合 新情報処理開発機構

著書　「Occamとトランスピュータ」（共立出版）
　　　「コンピュータの仕組み」（朝倉書店）
　　　「Webサービス入門」（コロナ社）
訳書　「MITのマルチメディア」（アジソン・ウェスレイ）
編著　「オブジェクト指向コンピューティングⅢ」（近代科学社）
　　　「インタラクティブシステムとソフトウェアⅢ」（近代科学社）

マルチメディアコンピューティング
Multimedia Computing　　　　　　　　　　　　　　　　　　　　Ⓒ Rikio Onai 2008

2008年10月24日　初版第1刷発行
2024年11月25日　初版第6刷発行

検印省略	著　者	尾　内　理　紀　夫
	発行者	株式会社　コロナ社
		代表者　牛来真也
	印刷所	萩原印刷株式会社
	製本所	有限会社　愛千製本所

112-0011　東京都文京区千石 4-46-10
発行所　株式会社　コロナ社
CORONA PUBLISHING CO., LTD.
Tokyo Japan
振替 00140-8-14844・電話(03)3941-3131(代)
ホームページ https://www.coronasha.co.jp

ISBN 978-4-339-02434-0　C3055　Printed in Japan　　　　　　　　　　（金）

〈出版者著作権管理機構 委託出版物〉
本書の無断複製は著作権法上での例外を除き禁じられています。複製される場合は，そのつど事前に，出版者著作権管理機構（電話 03-5244-5088，FAX 03-5244-5089，e-mail: info@jcopy.or.jp）の許諾を得てください。

本書のコピー，スキャン，デジタル化等の無断複製・転載は著作権法上での例外を除き禁じられています。購入者以外の第三者による本書の電子データ化および電子書籍化は，いかなる場合も認めていません。
落丁・乱丁はお取替えいたします。